乡村振兴·高素质农民培育系列丛书

农业技术员实用手册

王宏斌　赵振飞　刘　峰　主编

内蒙古科学技术出版社

图书在版编目（CIP）数据

农业技术员实用手册 / 王宏斌，赵振飞，刘峰主编．赤峰：内蒙古科学技术出版社，2024. 8. --（乡村振兴·高素质农民培育系列丛书）. -- ISBN 978-7-5380-3742-5

Ⅰ. S-62

中国国家版本馆 CIP 数据核字第 202499X10D 号

农业技术员实用手册

主　　编：王宏斌　赵振飞　刘　峰
责任编辑：张文娟
封面设计：光　旭
出版发行：内蒙古科学技术出版社
地　　址：赤峰市红山区哈达街南一段4号
邮购电话：0476-5888970
印　　刷：涿州汇美亿浓印刷有限公司
字　　数：145千
开　　本：710mm×1000mm　1/16
印　　张：8
版　　次：2024年8月第1版
印　　次：2024年8月第1次印刷
书　　号：ISBN 978-7-5380-3742-5
定　　价：32.80元

如有印装质量问题，请与我社联系。电话：0476-5888926　5888917

版权所有　侵权必究

《农业技术员实用手册》

编委会

主　编　王宏斌　赵振飞　刘　峰

副主编　陈丽苹　陈伟平　王　文　李敏艳　苏雅佳
　　　　高　翔　肖灿霞　赵　宇　赵艳军　毕小艳
　　　　黄先成　王　佳　王茂盛　王成辉　王春田
　　　　薛文杰　邓建红　姜晓丹　蔡　丹　崔馨玮
　　　　臧继华　孙宏琳　黄平钰　温进权　邵复云
　　　　付　瑶　梁政荣　孟慧龙

编　委　李　倩　许芝英　赵志国　郭育颖　周　丽
　　　　孟　闯　杨春献　李　波　刘　静

聚焦农业技术
谱写乡村振兴新篇章

超级新农人
跟随镜头寻找农业新“牛人”

案例精选库
汲取农业技术领头人经验

热点广播台
第一时间把握农村创业政策动向

口袋电子书
随时随地学习农业新技术

前言

PREFACE

在广袤无垠的乡村大地上，农业作为国民经济的基础，不仅承载着亿万农民的生计与希望，更是国家粮食安全与乡村振兴战略的基石。随着科技的不断进步和农业现代化进程的加快，农业技术员作为连接农业科技与农业生产实践的桥梁，其重要性与不可替代性日益凸显。他们不仅是农业新知识的传播者，更是农业技术创新与应用的引领者，对于提升农业生产效率、促进农业可持续发展具有重要作用。

为了满足广大农业技术员对农业技术知识的需求，我们精心编写了本书，全书内容分七章，职业素质与工作职责、农业科学知识、粮食作物与蔬菜栽培技术、果树栽培技术、畜禽养殖技术、农业机械化、农产品贮藏与加工。本书内容涵盖了农业技术领域的多个方面，力求做到理论与实践相结合，既注重基础知识的普及，又紧跟农业科技发展的前沿动态，旨在为广大乡村农业技术员、农技生产与推广人员以及致力于提升自我、追求高质量发展的高素质农牧民提供一本全面、系统、实用的工具书。

由于时间仓促，加之编者水平和能力的限制，书中难免存在错误或缺点，诚望广大读者批评指正。

编　者

2024 年 6 月

目录

CONTENTS

第一章
职业素质与工作职责

第一节　职业素质

一 职业道德

1.服务"三农",爱岗敬业

★ 对农业、农村和农民怀有深厚的感情,全身心投入到乡村农业技术服务工作中。

★ 热爱本职工作,以高度的责任感和敬业精神,为农业发展贡献力量。

2.诚实守信,保守机密

★ 在工作中诚实守信,不弄虚作假,提供真实准确的农业技术信息。

★ 对涉及农业生产的商业机密、技术专利和农户个人信息严格保密。

3.客观公正,科学严谨

★ 以客观公正的态度对待农业技术问题,不受个人情感和利益因素影响。

★ 运用科学的方法和严谨的态度进行技术研究、推广和应用,确保技术的可靠性和有效性。

4.尊重农民,关爱他人

★ 尊重农民的意愿和劳动成果,与农民建立平等、互信的合作关系。

★ 关心农民的生产生活,积极帮助他们解决实际困难。

5.勤奋学习,不断进取

★ 保持对新知识、新技术的学习热情,不断提升自身的专业素养和业务能力。

★ 积极参与农业技术交流与合作,推动行业技术进步。

6.保护环境,可持续发展

★ 推广绿色、环保、可持续的农业技术,减少农业生产对生态环境的破坏。

★ 倡导资源节约和循环利用,促进农业的可持续发展。

7.团结协作，共同发展

★ 与同事、同行之间团结协作，分享经验和资源，共同提高农业技术服务水平。

★ 积极参与农业技术团队的工作，为实现共同的目标而努力。

8.廉洁奉公，遵守纪律

★ 严格遵守职业道德规范和工作纪律，不接受不正当的利益和好处。

★ 自觉抵制行业不正之风，维护农业技术员的良好形象。

这些职业道德准则有助于乡村农业技术员更好地履行职责，为乡村农业的发展提供优质、可靠的技术支持和服务。

二 法律法规

1.《中华人民共和国农业法》

这部法律涵盖了农业生产经营体制、农业生产、农产品流通与加工、农业投入与支持保护、农业科技与农业教育等多方面的内容，是农业领域的基本法律。

2.《中华人民共和国种子法》

涉及种子的选育、生产、经营、使用、管理等环节，对于保障农业生产用种安全和质量具有重要意义。

3.《中华人民共和国农产品质量安全法》

规定了农产品质量安全标准、产地、生产、包装和标识、监督检查等方面的要求，确保农产品的质量安全。

4.《中华人民共和国农村土地承包法》

明确了农村土地承包的原则、方式、期限，以及承包方和发包方的权利义务等。

5.《中华人民共和国农药管理条例》

包括农药登记、生产、经营、使用和监督管理等方面的规定，保障农药的安全合理使用。

6.《中华人民共和国农业技术推广法》

规范农业技术推广活动，保障农业技术推广事业的发展。

7.《中华人民共和国环境保护法》

了解农业生产中的环境保护要求，防止农业污染。

8.《中华人民共和国劳动法》

如果涉及雇佣劳动力，需要了解相关劳动法规，保障劳动者权益。

9.《中华人民共和国消费者权益保护法》

在涉及农产品销售时，保障消费者的合法权益。

10.地方相关的农业法规和政策

不同地区可能会根据本地的农业特点和发展需求，制定一些地方性的法规和政策，农业技术员也需要熟悉和掌握。

三 沟通技巧

1.语言简洁明了

使用通俗易懂的语言，避免过多的专业术语，确保农民能够轻松理解所传达的信息。

2.耐心倾听

给予农民充分的时间表达他们的担忧和需求，认真倾听，不打断、不急于下结论。

3.尊重与理解

尊重农民的观点和经验，理解他们的文化背景和传统种植习惯，建立相互信任的关系。

4.眼神交流和肢体语言

保持良好的眼神交流，展示专注和真诚。适当运用肢体语言，如点头、微笑，增强亲和力。

5.举例说明

通过生动的实际例子来解释复杂的技术概念，让农民更容易接受和记住。

6.提问与反馈

通过提问来确认农民的理解情况，及时获取反馈，以便调整沟通方式和内容。

7.适应方言和口音

了解当地的方言和口音，尽量使用农民熟悉的语言表达方式，减少沟通障碍。

8.情感共鸣

对农民在农业生产中遇到的困难表示同情和理解，让他们感受到被关心。

9.分步骤讲解

将复杂的技术或流程分解为简单的步骤，逐步讲解，便于农民掌握。

10.强调重点

突出关键信息和重要步骤，使用重复、强调的语气或方式，加深农民的印象。

11.多样化沟通方式

除了口头交流，还可以借助图表、示范操作等多种方式，增强沟通效果。

12.鼓励参与

鼓励农民提问、分享经验，营造积极的沟通氛围，提高他们的参与度和积极性。

第二节　工作职责

一　农业生产指导

★ 为农户提供农作物种植、养殖等方面的技术咨询和现场指导。

★ 制订农业生产计划，包括种植品种选择、播种时间安排、施肥灌溉策略等。

二　新品种引进与推广

★ 关注农业新技术和新品种，进行引进试验和示范推广。

★ 对新品种的适应性、产量、品质等进行评估和分析。

三　病虫害监测与防治

★ 定期巡查农田，监测病虫害的发生情况。

★ 制定并实施病虫害综合防治方案，合理使用农药和生物防治手段。

四　土壤改良与肥料管理

★ 分析土壤养分状况，提出土壤改良建议和施肥方案。

★ 指导农户科学合理使用肥料，提高肥料利用率，减少环境污染。

五 农业设施建设与维护

★ 参与农田水利、温室大棚等农业设施的规划和建设。

★ 负责农业设施的日常维护和故障排除。

六 农产品质量检测

★ 对农产品进行质量检测，确保其符合相关标准和要求。

★ 提供农产品质量提升的技术建议和措施。

七 农业技术培训与科普

★ 组织开展农业技术培训活动，提高农户的科技素质和生产技能。

★ 编写农业技术资料，进行农业科技知识的普及和宣传。

八 数据收集与分析

★ 收集农业生产相关数据，如气象数据、作物生长数据、产量数据等。

★ 对数据进行整理和分析，为农业生产决策提供依据。

九 项目申报与实施

★ 协助申报相关农业项目，如农业科技示范项目、农业产业化项目等。

★ 负责项目的具体实施和跟踪管理。

总之，农业技术员的工作涵盖了农业生产的各个环节，旨在推动农业的现代化发展，提高农业生产效益和农产品质量。

第二章

农业科学知识

超级新农人
案例精选库
热点广播台
口袋电子书

第一节 作物生物学

农业技术员应理解不同作物的生长发育周期、生理特性、遗传特征及环境适应性。

一 种子萌发

种子萌发是作物生长的起点，这个过程需要适宜的温度、水分和氧气。种子内部的胚乳或子叶提供初期生长所需的营养，之后幼苗通过光合作用自给自足。种子萌发的成功与否直接影响作物的出苗率、整齐度及后续的生长发育。

1.种子萌发的基本条件

适宜的温度：每种作物都有其最适萌发温度范围，过高或过低都会抑制萌发。例如，大多数作物的适宜萌发温度为15~30℃。

适量的水分：种子吸水膨胀后，内部酶的活性增强，启动代谢过程。但水分过多会导致缺氧，影响其萌发。

充足的氧气：种子呼吸需要氧气，缺氧条件下种子无法正常萌发。

良好的种子活力：健康的种子含有足够的营养物质，胚完整且活跃，利于快速整齐萌发。

2.种子萌发的过程

吸胀：种子吸水膨胀，种皮软化。

酶活化：水分进入种子后，激活了种子内的酶，开始分解储藏的营养物质。

胚根伸出：胚根（即根尖）首先突破种皮，向下生长。

胚芽生长：随后，胚芽（幼苗的初始形态）向上生长，突破种皮。

幼苗建立：胚根和胚芽继续生长，形成根系和幼苗的茎叶结构。

3.影响种子萌发的因素

种子本身的质量：包括种子的大小、形状、硬度、纯度、发芽率和活力。

土壤条件：土壤质地、pH 值、通气性、保水能力等都会影响种子萌发。

环境因素：光照（虽然多数作物种子萌发不需要光照，但有的作物需要光照打破休眠）、温度波动、湿度变化等。

病虫害与化学物质：土壤中的病原体、害虫以及残留的农药或除草剂可能抑制种子萌发。

4.种子处理技术

浸种：通过浸泡种子以加速吸水过程，有时会加入杀菌剂或激素促进萌发。

催芽：在适宜的温湿度条件下促使种子提前萌发，缩短田间出苗时间。

种子包衣：为种子涂覆一层保护层，可包含营养物质、防病虫害成分，提高萌发率和幼苗抗逆性。

5.监测与评估

通过发芽试验来评估种子的活力和萌发率，以便做出是否需要调整播种量或更换种子的决策。

二 光合作用

植物通过叶子中的叶绿素捕获太阳能，将二氧化碳和水转化为有机物，并释放氧气。这是植物生长和发育的能量来源。优化作物生长环境、提高作物产量和品质至关重要。

1.光合作用的定义与过程

定义：光合作用是植物、某些细菌和藻类利用叶绿素等光合色素，在光照条件下将二氧化碳和水转化为有机物（主要是葡萄糖）并释放氧气的过程。

光反应：发生在叶绿体的类囊体膜上，光能被叶绿素捕获并转化为化学能（ATP和 NADPH），同时释放氧气。

暗反应（Calvin 循环）：在叶绿体的基质中进行，不直接依赖光，但需要光反应产生的 ATP 和 NADPH 作为能量和还原力，将 CO_2 固定并转化成有机物。

2.影响光合作用的因素

光照强度：在一定范围内，光合作用速率随光照强度增加而提高，但超过光饱和点后速率不再增加。

二氧化碳浓度：CO_2 是光合作用的原料之一，其浓度增加通常能提高光合速率，直至达到饱和点。

温度： 光合作用速率随温度升高而加快，但过高温度会损害叶绿体结构，导致酶失活，反而降低光合效率。

水分： 水分短缺限制植物的蒸腾作用，影响 CO_2 的吸收和光合产物的运输。

土壤营养： 氮（N）、磷（P）、钾（K）等营养元素的供应影响光合作用相关酶的活性和叶绿素的合成。

3.农业实践中的应用

合理密植： 确保植株间有足够的光照，避免遮阴影响下层叶片的光合作用。

调控温室光照和温度： 使用人工补光和温控系统，模拟最佳生长条件。

增加 CO_2 浓度： 在温室中适度补充 CO_2，可以显著提高光合效率。

灌溉管理： 保持适宜的土壤水分，避免干旱或水涝影响光合作用。

施肥策略： 根据作物需求合理施用肥料，特别是氮肥，以促进叶绿素的合成和光合作用。

4.故障诊断与应对

识别光合效率下降的迹象： 如叶片黄化、生长缓慢等，可能是光照不足、营养缺乏或病虫害导致。

采取相应措施： 如调整种植密度、改善光照条件、施用合适的肥料或采用生物防治方法。

三 水分和营养吸收

根系负责从土壤中吸收水分和矿物质，如氮、磷、钾等必需元素。水分通过木质部向上运输，而矿物质和有机物则通过韧皮部在整个植物体内分配。

（一）水分吸收

1.根系的作用

作物的根系是水分吸收的主要器官，通过根毛区增加吸收表面积。水分通过渗透作用从土壤中进入根毛细胞，再通过木质部导管输送到植物体的各个部分。

2.影响因素

土壤水分： 土壤含水量直接影响根系吸水。水分过多或过少都会抑制吸水，因此需保持适宜的土壤湿度。

土壤质地：沙土排水快，易于干旱；黏土保水性强，但过度湿润会影响通气性。

土壤温度：温度影响水的运动速率和根系的生理活性，过高或过低的温度都不利于水分吸收。

土壤溶液浓度：当土壤溶液浓度高于根细胞液浓度时，会发生反渗透，阻碍水分吸收。

（二）营养吸收

1.营养元素

作物需要的营养元素主要分为大量元素（如 N、P、K）、中量元素（如 Ca、Mg、S）和微量元素（如 Fe、Mn、Cu、Zn、B、Mo）。每种元素对作物生长发育起着不同的作用。

2.吸收机理

主动吸收：植物通过代谢能驱动的载体蛋白或通道蛋白主动吸收某些离子，如硝酸盐、磷酸盐。

被动吸收：借助于膜内外离子浓度差或电位差，通过扩散、协助扩散等方式吸收营养物质。

根际作用：根系周围微生物活动有助于营养元素的转化和有效性提高，如固氮细菌、溶磷细菌等。

3.影响因素

土壤 pH 值：影响营养元素的有效性。例如，pH 值过高时铁、锰等元素易形成不溶性化合物，降低吸收。

土壤结构和通气性：良好的土壤结构有助于根系发育和氧气供应，对营养吸收有利。

施肥管理：合理施肥，包括肥料类型、用量、时期和方式，是提高营养吸收效率的关键。

（三）实践应用

灌溉技术：采用滴灌、喷灌等节水灌溉技术，根据作物需水量和土壤水分状况适时适量供水。

平衡施肥：根据作物需求和土壤测试结果，制订科学的施肥计划，避免过量施肥造成的浪费和环境污染。

土壤改良： 通过施用有机肥、调理剂改善土壤结构和肥力，提升水分和养分的保持与供应能力。

作物轮作和间作： 通过轮作和间作系统，改善土壤微环境，减少病虫害，提高作物对水分和营养的利用效率。

四 生长发育阶段

(一) 生长阶段

作物生长通常分为几个阶段，包括种子萌发阶段、幼苗生长期、生殖生长期（花芽分化、开花、结实）和成熟与收获期。每个阶段对环境条件的需求不同，制定合理的田间管理措施、提高作物产量和品质至关重要。

1.种子萌发阶段

需要适宜的温度、水分和氧气。种子吸水膨胀后，内部酶活化，启动营养物质的转化。种子首先是吸胀，接着胚根突破种皮向下生长，随后胚芽向上生长形成幼苗。

2.幼苗生长期

此阶段作物主要进行营养生长，根系和地上部分迅速扩展，形成叶簇，积累营养物质。应保证充足光照、适量水分和合理施肥，促进健壮根系和叶面积的形成。

3.生殖生长期

作物从营养生长转向生殖生长，开始花芽分化、开花和结实。温度、光照时长（光周期）和营养状况对生殖生长有重要影响，如短日照作物（如水稻）需在特定的光照条件下诱导开花。

(1) 花芽分化期

指植物茎生长点由分生出叶片、腋芽转变为分化出花序或花朵的过程。花芽分化的数量和质量直接影响作物的产量。如果花芽分化良好，形成的花朵数量多，结实率高，产量就会相应提高。通过控制施肥、调节光照和温度、合理修剪等方法，可以调节作物的生长发育，促进花芽分化。

(2) 开花期

作物形成花序并开放，进行授粉受精。需注意授粉条件，如蜜蜂等传粉媒介的活动，以及避免恶劣天气对开花的影响。

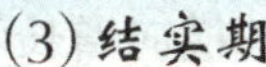

(3) 结实期

受精后子房发育成果实，种子成熟。应保持适宜的水分和营养供应，避免早衰，促进种子充实和成熟。

4.成熟与收获期

作物达到生理成熟，种子或果实表现出特定的成熟标志，如颜色变化、硬度下降等。适时收获,避免过早或过晚,以确保最佳品质和产量。

(二) 关键知识点

三基点温度：每种作物生长都有最适、最低和最高温度范围，超出范围会影响生长发育。

光周期效应：作物根据日长响应分为长日照和短日照作物，影响开花时间和产量。

逆境胁迫：干旱、洪涝、高温、低温等逆境会影响作物的生长发育，需采取措施减轻影响。

五　植物激素

植物体内存在多种激素，如生长素、赤霉素、细胞分裂素、脱落酸和乙烯，它们调节植物的生长发育过程，如顶端优势、侧枝生长、开花诱导和果实成熟等。掌握作物生长发育的生理机制、优化栽培管理至关重要。

1.主要植物激素及其作用

生长素(IAA)：促进细胞伸长，参与植物的向光性、顶端优势、插枝生根等过程。应用于促进插条生根，如使用 2,4-D 和萘乙酸处理插穗；控制作物株型，如棉花的化学去顶。

赤霉素(GA)：促进细胞伸长，影响种子萌发、茎的伸长、开花和性别分化。应用于打破种子休眠，促进某些作物如水稻和小麦的萌发；增加茎的长度和促进果实增大。

细胞分裂素(CK)：促进细胞分裂，延缓衰老，调节侧芽生长。应用于促进芽的生长和分枝，提高果实坐果率，延长蔬菜和花卉的保鲜期。

脱落酸(ABA)：调节植物的水分平衡，促进叶片衰老和果实脱落，增强植物对逆境的适应能力。应用于干旱条件下，通过外源施用 ABA 增强作物的抗旱性。

乙烯（ETH）：促进果实成熟，调节植物的生长发育，如促进茎的横向增长和叶片脱落。应用于催熟果实，如香蕉和番茄的采后处理；调节作物的生长周期和株型。

2.植物激素的应用原则

精确施用：根据作物品种、生长阶段和目标效果选择合适的激素和浓度。

综合管理：结合其他农业措施，如灌溉、施肥和病虫害防治，协同提高作物性能。

安全性：注意激素使用的安全性和环保性，防止对环境和人体健康造成不良影响。

3.激素作用机制与作物响应差异

理解不同作物对同一种激素的敏感度和响应差异，比如，单子叶植物与双子叶植物对生长素的反应不同。

了解激素间的相互作用，如生长素与赤霉素共同促进细胞伸长，而脱落酸与生长素在植物生长抑制中可能有拮抗作用。

4.激素测定与效果评估

掌握基本的植物激素测定方法，如酶联免疫吸附法（ELISA）、高效液相色谱分析法（HPLC）等，用于监测作物体内激素水平。

学会评估激素处理的效果，通过观察作物生长发育变化，进行田间试验设计和数据分析。

六 逆境生理

作物会遇到干旱、盐碱、高温、低温等逆境条件，通过激活特定的生理和分子机制来适应或抵抗这些逆境，如调节渗透压、合成保护蛋白等。识别作物在不利环境条件下的生理响应、采取有效措施减轻逆境影响对提高作物的适应性和产量具有重要意义。

1.逆境的类型

非生物逆境：包括干旱、盐碱、极端温度（冷害、热害）、水涝、重金属污染、紫外线辐射、氧化应激等。

生物逆境：由病原微生物（如真菌、细菌、病毒）和害虫（昆虫、螨类等）引起的侵害。

2.作物对逆境的生理响应

渗透调节：作物通过积累渗透调节物质（如脯氨酸、可溶性糖、甜菜碱）来维持细胞内水分平衡，减轻干旱和盐碱的伤害。

抗氧化防御系统：产生抗氧化酶（如超氧化物歧化酶、过氧化氢酶、谷胱甘肽还原酶）和抗氧化物质（如维生素E、类胡萝卜素）来清除自由基，减轻逆境引起的氧化损伤。

膜稳定性：通过改变膜脂组成（增加不饱和脂肪酸含量）来提高膜的流动性，减少低温和盐碱等逆境对生物膜的破坏。

激素调节：植物激素（如ABA、ETH）在逆境信号传导和适应性反应中扮演关键角色，如ABA参与调节水分平衡和诱导胁迫响应基因表达。

生长与发育调整：逆境条件下，作物可能会暂时停止生长，重新分配资源，优先保证生存相关的生理过程，如根系发展以增强水分吸收。

3.遗传改良与作物抗逆性的提升

抗逆性育种：通过传统育种或转基因技术，选育具有更强逆境适应性的作物品种，如抗旱、耐盐、抗病虫害的作物品种。

分子生物学工具：利用基因组学、转录组学和蛋白质组学等技术，鉴定和克隆抗逆相关基因，理解其功能和调控机制，为作物改良提供靶标。

4.管理措施

灌溉与排水：合理安排灌溉和排水系统，根据作物需水特性调整水分供给，预防干旱和水涝。

土壤管理：通过轮作、深翻、施用有机肥等措施改善土壤结构，提高土壤保水保肥能力，减轻盐碱化。

覆盖与遮阴：使用地膜、作物残茬或遮阳网，调节土壤温度和湿度，减轻极端温度的影响。

病虫害综合防治：采用物理、化学、生物和农业生态学方法综合防治，减少生物逆境的损失。

七 病虫害与防治

农作物常受到病原微生物（如真菌、细菌、病毒）和害虫的侵害，生产中可通过生物、化学、物理和农业管理措施来预防和控制这些病虫害。

1.病虫害识别与诊断

病害识别：需要观察植物的异常症状，如颜色变化、斑点、畸形、萎蔫等，了解不同病原体（真菌、细菌、病毒、线虫）导致的典型症状。

虫害识别：识别害虫的形态特征，如体型、颜色、翅膀形态，观察害虫活动习性、取食痕迹、虫粪等，了解害虫生活史。

诊断技术：利用显微镜观察、实验室检测等手段，以确保准确诊断。

2.防治原则

预防为主，综合防治：重视作物健康管理，采取选用抗病虫害品种、合理轮作、进行科学土壤管理等预防措施，结合物理、化学、生物等多方法综合应用。

适时防治：依据病虫害发生规律，在关键时期采取措施，提高防治效率。

生态平衡：保护害虫天敌，减少化学农药使用，维护农田生态系统平衡，减少环境污染。

3.农业防治技术

抗病虫害品种选择：根据地区病虫害发生情况，选用具有相应抗性的品种。

合理轮作：通过轮作不同作物，打乱病虫害的生命周期，减少其发生机会。

栽培管理：合理施肥、灌溉及清除杂草，保持作物良好生长状态，增强作物自身抗性。

4.生物防治

天敌利用：保护和释放天敌昆虫、病原微生物等，自然控制害虫和病原体。

生物农药：使用生物源农药，如细菌制剂、真菌制剂、植物提取物等，减少化学农药的副作用。

5.物理与化学防治

物理防治：包括使用防虫网、色板诱杀、灯光诱杀等非化学方法。

化学防治：在必要时使用化学农药，需严格遵循用药指南，选择针对性强、低毒高效的药剂，避免抗药性产生，减少对环境的污染。

6.监测与预报

病虫害监测：建立病虫害监测网络，定期调查病虫害发生情况，收集数据。

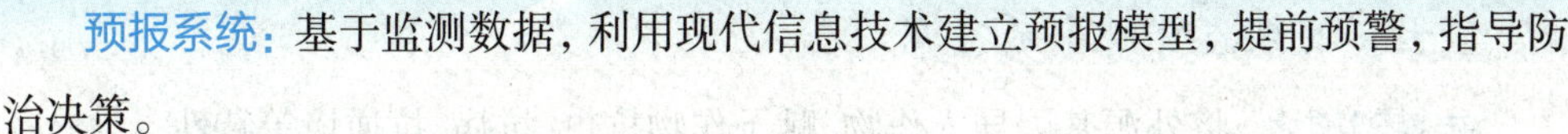

预报系统：基于监测数据，利用现代信息技术建立预报模型，提前预警，指导防治决策。

八 遗传与育种

作物的遗传多样性是通过自然变异和人工选择积累的。现代育种技术包括杂交育种、分子标记辅助选择和基因编辑，被用来培育高产、抗逆、优质的新品种。农作物遗传与育种的基础知识对于推动作物改良、提高作物产量和品质、增强作物对环境的适应性至关重要。

1.遗传学基础

孟德尔遗传规律：理解基因分离定律和自由组合定律，这是遗传分析的基础。

细胞质遗传：认识到除了核基因外，细胞质（如线粒体、叶绿体）中的遗传物质也会影响某些性状的遗传。

基因连锁与重组：了解基因在染色体上的排列和遗传过程中发生的重组现象，这对遗传育种具有重要意义。

2.遗传变异与选择

自然选择与人工选择：理解自然选择如何影响物种适应性，以及人工选择如何定向改变作物性状。

突变育种：掌握理化诱变（如辐射、化学诱变剂）和生物技术手段（如 CRISPR-Cas9 基因编辑）诱导基因突变，创造遗传多样性。

3.杂交育种

杂交优势：利用不同亲本间的杂交，结合有利基因，产生杂种一代（F1），利用其超越亲木的生长和产量特性。

回交与自交：通过回交和连续自交等手段固定所需性状，选育稳定的新品种。

4.分子育种

分子标记辅助选择（MAS）：运用 DNA 标记技术快速鉴定携带目标基因的植株，加速育种进程。

基因定位与克隆：通过遗传图谱和数量性状基因座（QTL）定位，克隆关键性状基因，实现精准育种。

5.生物技术在育种中的应用

转基因技术：将外源基因导入作物，赋予作物抗虫、抗病、抗逆境等特性。

基因编辑技术：如 CRISPR-Cas9，可以在基因组中精准地添加、删除或修改基因，实现性状的精准改造。

6.品种资源管理

作物种质资源收集：全球范围内收集、保存和评价不同作物的遗传材料，保护生物多样性。

品种审定与推广：新品种需经过严格的区域试验和国家审定，确保其符合高产、优质、适应性强的标准后，才能推广种植。

7.作物生态与适应性

生态区划：根据作物的生态适应性，划分适宜种植区域，选择或培育适合当地生态条件的品种。

栽培技术与环境相互作用：理解作物生长发育与土壤、气候等因素的相互作用，优化栽培管理措施。

九 生态循环农业

强调在农业生产中模仿自然生态系统，通过作物轮作、间作、有机肥料使用等方法，促进土壤健康，减少化学投入品的依赖，实现农业的可持续发展。

1.生态循环农业的概念

循环与整合：理解生态循环农业是一种将农业生产和自然生态学原理相结合的模式，强调在农业生产体系内部及与周围环境之间形成物质和能量的循环流动，减少外部投入和废弃物排放。

多维度整合：包括种植业、畜牧业、林业、渔业等多产业的整合，以及农业生产和农村生活的融合。

2.理论基础

生态系统理论：掌握生态系统的物质循环和能量流动原理，了解生态平衡和生物多样性的维持机制。

食物链与食物网：理解不同生物之间的营养关系，进而通过合理配置作物、动物、微生物等构建健康的农业生态系统。

3.技术模式与实践

有机农业：学习利用有机肥料、生物防治、轮作与间作等技术，减少化学投入品的使用，维持土壤健康。

物质循环利用：掌握农作物秸秆、畜禽粪便、农业废弃物的资源化利用技术，如制作有机肥料、生物能源（如沼气）、饲料等。

生物技术应用：了解并应用生物技术改良作物品种，提高作物的抗逆性和适应性，同时利用微生物技术促进土壤健康和实现资源循环利用。

4.典型技术与案例

“猪—沼—作物”模式：利用猪粪生产沼气，沼渣、沼液作为有机肥返回农田，形成闭环循环。

作物间作与轮作：通过作物间的互补和竞争关系，提高土地利用率，控制病虫害，改善土壤结构。

庭院经济：在农户层面，将种植、养殖与生活废弃物处理相结合，如利用家庭小型沼气池，实现资源的就地转换和循环。

第二节 土壤科学

农作物土壤科学涉及土壤如何影响植物生长及如何通过管理土壤来优化农作物生产。

一 土壤基本性质

1.土壤质地

土壤质地是指土壤中不同大小直径的矿物颗粒按照一定比例组合的状况，这些颗粒主要包括沙粒、粉粒（壤粒）和黏粒。根据这三种颗粒的比例，土壤被分为几种基本类型，最常见的是沙土、壤土和黏土。每种类型的土壤质地对农业生产有着不同的影响。

沙土：沙土中沙粒（直径大于0.05mm）占主导，特点是颗粒较大，孔隙较多，因此通气性和排水性良好，但保水保肥能力差，容易造成水分和养分的迅速流失。

壤土：壤土是沙粒、粉粒和黏粒较为均衡混合的土壤，具有较好的通气性、保水性和保肥能力，是最理想的农业土壤类型，适合多数作物的生长。

黏土：黏土中黏粒（直径小于0.002mm）含量高，土壤紧实，孔隙较少，虽有很好的保水能力，但通气性和排水性较差，耕作较为困难，且在干燥时易板结，影响根系生长。

土壤质地不仅影响水分和空气的流通，还决定了土壤的热量状况、微生物活动以及根系的穿透能力，进而影响作物的生长发育和产量。因此，了解和评估土壤质地是制定合理耕作、施肥和灌溉策略，以及进行土壤改良和作物布局的基础。此外，土壤质地并非一成不变，通过耕作、施肥、有机物料的施入等管理措施可以在一定程度上改善土壤结构，提升土壤的生产性能。

2.土壤组成

土壤是由多种成分组成的复杂体系，主要可以分为固相、液相和气相三个基本组成部分，这些组成部分相互作用、相互转化，共同构成了支持植物生长和生态功能的基质。

（1）固相（固态物质）

矿物质：这是土壤的主体，占土壤固相的大部分，主要源自岩石的物理和化学风化产物。矿物质按来源分为原生矿物和次生矿物，前者直接来自母岩，化学组成相对稳定；后者则是风化过程中形成的新矿物，如黏土矿物，对土壤性质影响显著。

有机质：来源于动植物残体、微生物残骸等有机物质的分解产物，是土壤肥力的关键因素之一。有机质不仅能提供植物所需的营养元素，还能改善土壤结构，增强土壤的保水保肥能力。

微生物与生物体：包括细菌、真菌、原生动物、蠕虫等，它们在土壤中起着分解有机物、固定氮素、促进物质循环等重要作用。

（2）液相（土壤水分）

土壤中的水分不仅是植物生长的直接水源，还作为溶剂参与土壤中营养元素的溶解和运输。水分的存在形式包括束缚水（难以移动）和自由水（可被植物利用），其含量会随气候、土壤质地等因素变化。

（3）气相（土壤空气）

存在于土壤孔隙中的空气，为土壤生物提供氧气，同时允许植物根系进行呼吸作用。土壤空气的组成与大气有所不同，通常二氧化碳浓度较高，氧气浓度较低，且含有其他由生物活动产生的气体。

土壤中这三相物质的比例会根据土壤类型、气候条件、管理措施等因素发生变化，而理想的土壤结构通常拥有良好的固、液、气三相比例，能有效支持作物生长和生态系统的健康运作。例如，健康的土壤通常矿物质占固相的38%~45%，有机质占固相的5%~12%，孔隙（含液相和气相）约占50%。

3.土壤pH值

土壤pH值是衡量土壤酸碱程度的一个重要指标，它直接影响土壤中营养元素的可用性、微生物活动、土壤结构以及植物的生长发育。

定义与测量：土壤pH值是土壤溶液中氢离子（H^+）浓度的负对数表示，通常用pH计进行测量。pH值范围0~14，7为中性，低于7为酸性，高于7为碱性。

适宜范围：大多数作物适宜生长的土壤pH值范围为6.0~7.5，这一区间内，土壤中的养分如氮、磷、钾等主要营养元素的溶解性和有效性较高。然而，不同作物对土壤pH值的具体需求可能有所不同，例如蓝莓偏好酸性土壤（pH值4.5~5.5），而某些碱性土壤作物，如甜菜，则适应更高pH值的环境。

影响因素：土壤pH值受多种因素影响，包括成土母岩类型、降水量、植被覆盖、施肥种类和数量以及人类活动等。例如，长期施用生理酸性肥料可能会降低土壤pH值，而石灰质土壤则往往呈现碱性。

调节与管理：若土壤pH值偏离作物最适范围，可通过土壤改良措施进行调整。酸性土壤可施用石灰材料（如生石灰、熟石灰）来提高pH值，碱性土壤则可能需要施用硫黄或酸性肥料来降低pH值。合理的轮作和有机物质的添加也有助于改善土壤酸碱平衡。

二 土壤肥力与营养管理

1.土壤肥力概述

土壤肥力指的是土壤为植物生长提供并协调所需营养条件和环境条件的能力。这包括土壤的物理、化学和生物学性质的综合作用，具体体现为土壤的水、肥、气、热四大肥力因素。土壤肥力直接关系到作物的生长发育、产量和质量，同时也是维持生态平衡和农业生态系统服务的基础。

2.营养管理

了解不同作物在其生长周期中对氮、磷、钾等大量元素以及铁、镁、锌等微量元素的需求量和吸收特点。定期进行土壤测试，评估土壤中营养元素的含量和 pH 值，为精准施肥提供依据。

3.平衡施肥

平衡施肥是一种科学的施肥方法，旨在根据作物的营养需求、土壤供肥能力和肥料效果，合理搭配和施用各种营养元素，以达到提高肥料利用率、促进作物生长、提高产量和品质，同时保护和改善土壤环境的目的。平衡施肥的核心理念在于"适量、适时、适法"，确保作物在不同生长阶段都能获得必需的营养元素，同时避免过量施肥带来的环境污染和资源浪费。

重施有机肥：强调有机肥料的使用，如农家肥、绿肥、堆肥等，以增加土壤有机质含量，改善土壤结构，提高土壤的保水保肥能力。有机肥通常富含多种微量元素，有利于土壤微生态平衡。

有机肥与化肥相结合：有机肥提供全面但缓慢释放的营养，化肥则快速补充特定营养元素，两者结合可以满足作物生长的即时和长期需求。

深施覆土与集中施用：将肥料深埋并覆土，有助于减少养分挥发损失；集中施用在作物根系密集区域可以提高养分的局部有效性。

肥水结合：合理安排施肥与灌溉，保证肥料中的养分能够有效溶解并被作物根系吸收，同时避免水分过多引起的养分淋失。

合理确定化肥用量：通过土壤测试和作物营养需求分析，确定氮、磷、钾以及中微量元素的适宜用量和比例，避免过量施肥。

配方施肥：依据作物需肥规律和土壤测试结果，制定个性化施肥方案，缺什么补什么，实现精准施肥。

施肥技巧：采用合适的施肥时间和方法，如分层施肥、根外追肥等，提高肥料利用率。

4.土壤改良与养护

有机物料的施用：增加有机肥料的施用量，如堆肥、绿肥等，以提高土壤有机质含量，改善土壤结构，增强土壤生物活性。

土壤结构改良：通过耕作措施如深翻、免耕、覆盖作物等，改善土壤通气性和保水性。

酸碱度调整：针对土壤酸化或碱化问题，适时施用石灰或硫黄等物质调整 pH 值至作物适宜范围。

防治土壤退化：采取措施防止水土流失、盐碱化和重金属污染，保护和恢复土壤生态系统。

5.水分管理

节水灌溉：根据作物需水量和土壤水分状况，采用滴灌、喷灌等节水灌溉技术，减少水分浪费。

水分与养分协同管理：结合土壤水分管理与施肥计划，提高水分利用效率和养分吸收效率。

6.现代技术应用

地理信息系统（GIS）与遥感技术：利用 GIS 和遥感技术进行土壤资源调查和管理，优化土地利用。

精准农业：应用物联网、大数据分析等技术，进行土壤监测和作物生长管理，提高农业生产的精确性和效率。

第三节　植物保护

作为一名农业技术员，掌握农作物植物保护常识是至关重要的，这涉及预防和控制病虫害、杂草以及其他影响作物健康和产量的因素。

一　植物病害管理

1.识别病害症状

农作物病害的准确识别是有效防治的前提。首先要进行全面的观察，这包括审视作物的整体生长态势，留意是否存在生长不均、黄化、矮化、早衰等问题，并对叶片、茎部、根部及果实等局部区域进行详尽检查，以捕捉可能出现的斑点、变色、腐烂、枯萎、畸形等异常迹象。随后，通过对病害特征的分类鉴别，如辨识真菌病害的霉状物、细菌病害的水渍状症状、病毒病害的花叶现象以及线虫病害的根部损害，来初步判断病害类型。

在初步观察和分类的基础上，采用排除法逐步缩小诊断范围，考虑作物种类、病原类型、生长时期等因素。若肉眼诊断困难，可借助实验室的专业检测手段，如显微镜观察和分子检测。此外，参考作物种植历史和周边环境状况，记录病害发生情况并与往年数据对比，有助于揭示病害发生的规律和趋势。综合这些步骤和专业知识，农业技术员能够精确识别农作物病害，为实施针对性的防治措施提供科学依据。

2."病害三角"理论

理解植物、病原物和环境三者之间的相互作用，即病害发生的"病害三角"理论，这对于预防和控制病害至关重要。

病害三角的组成：寄主植物指受病原体侵染的植物，通常称为寄主。病原体指的是导致病害的微生物，如病毒、细菌、真菌、原虫等微生物因素。影响病原体与寄主植物相互作用的各种环境因素，如温度、湿度、光照等。

病害三角的关系：病害的发生需要病原体、寄主植物和环境条件三者之间的相互作用和配合。只有当这三者都满足一定的条件时，病害才会发生。并非所有病原物都能成功侵染植物导致病害的发生，侵染失败与病原物的侵染密度、寄主敏感性以及环境条件都有关系。如果环境条件有利于寄主植物的生长而不利于病原物的活动，病害就难以发生或发展很慢；反之，病害就容易发生或发展很快。

病害三角的意义：病害三角的良好维护直接关系到农业的正常生产。只有充分认识到病原体、病害以及环境条件之间的相互作用，才能有效防治植物病害。通过抗性育种、调控病原体、合理投入农药以及改良农业生态等措施，可以提高植物的免疫力，延长植物的生长特性，从而保证农作物的安全生产。

3.病害预防与控制

应用各种病害预防措施，如轮作、选用抗病品种、合理的田间卫生、适当的灌溉和施肥策略，以及必要时使用化学或生物农药。

二 农业昆虫管理

昆虫分类与生活史：了解主要农业害虫的分类、生活习性、生殖方式（如两性生殖和孤雌生殖）以及害虫的发育周期。

害虫识别与监测：能够准确识别害虫种类，掌握害虫的监测技术和预测方法，如

设置诱虫灯和使用陷阱。

综合虫害管理(IPM)：掌握IPM策略，包括生物控制(利用天敌)、物理控制、化学控制(合理使用农药)和文化控制(如调整播种时间)的综合应用。

三 杂草管理

杂草识别与生态：识别不同类型的杂草及其生态特性，了解杂草对作物竞争的影响。

杂草控制方法：应用机械除草、人工拔除、覆盖作物、化学除草剂以及作物轮作等策略来有效控制杂草。

四 农业有害生物防治技术与策略

农业有害生物防治技术与策略在环保和可持续农业发展中占据着至关重要的地位。以下是一些关键的技术与策略，特别强调环境友好型和可持续的方法，以及精准农业在其中的应用。

1.环保和可持续方法

生物农药：使用来源于生物体(如微生物、植物提取物等)的农药，这些农药对目标害虫具有选择性，对环境和人体健康的影响较小。

天敌利用：通过引入或保护害虫的天敌(如捕食性昆虫、寄生性昆虫等)，实现生物间的自然平衡，减少化学农药的使用。

作物轮作和间作：通过合理安排作物的种植顺序和搭配，减少病虫害的发生，提高土壤肥力和生物多样性。

有机农业：遵循自然规律和生态学原理，采用有机肥料和生物防治等手段，保护生态环境，提高农产品质量。

2.精准农业

遥感技术：利用卫星遥感技术监测作物生长状况和病虫害发生情况，为防治决策提供科学依据。结合地面监测数据，实现病虫害的精准识别和预警。

GIS(地理信息系统)：构建农业地理信息系统，整合土壤、气候、作物生长等数据，分析病虫害的时空分布规律。制定针对性的防治策略，提高防治效果，减少化学农药的使用。

物联网设备：利用物联网设备实时监测作物生长环境（如温度、湿度、光照等），及时发现病虫害发生迹象。通过智能灌溉、施肥等系统，优化作物生长条件，提高作物抗性，减少病虫害的发生。

精准施药：根据病虫害监测结果，制定精准的施药方案，包括药剂种类、用量、施药时间等。利用无人机等现代施药设备，实现精准施药，减少化学农药的浪费和对环境的污染。

灌溉管理：通过精准灌溉系统，根据作物生长需要和土壤水分状况，合理调控灌溉量，避免过度灌溉引起的病害发生。结合气象数据和作物生长模型，预测未来灌溉需求，实现灌溉的精准管理。

总之，农业有害生物防治技术与策略需要综合考虑环保、可持续和精准农业等多个方面。通过推广生物农药和生态农业实践，减少化学农药的依赖；利用现代技术实现病虫害的精准识别和预警，制定针对性的防治策略；通过精准施药和灌溉管理，提高防治效果，减少化学农药的使用，实现农业生产的可持续发展。

五　土壤健康管理

1.土壤肥力与pH值管理

施肥：施肥是保持土壤肥沃的重要手段。通过施用有机肥料和化学肥料，为植物提供必需的营养元素。有机肥料如畜禽粪便、作物秸秆等，能改善土壤结构，增加土壤有机质含量，提高土壤肥力。化学肥料如氮肥、磷肥、钾肥等，能迅速为植物提供所需营养，但过量使用可能导致土壤板结、盐碱化等问题。

有机物料的应用：有机物料如秸秆、木屑等可以作为覆盖物，保持土壤湿润度和温度，减少水分蒸发和土壤侵蚀。这些物料在分解过程中能释放养分，增加土壤有机质含量，改善土壤结构。

酸碱度调整：土壤 pH 值是衡量土壤酸碱性的重要指标，影响土壤肥力和植物生长。对于酸性土壤，可以施用石灰、石膏等土壤改良剂，提高土壤 pH 值。例如，每亩土地可施用 20~25kg 石灰。对于碱性土壤，可以施用硫酸铝、硫酸亚铁等酸性物质，降低土壤 pH 值。同时，也可使用腐殖酸肥等调节土壤 pH 值。

2.土壤生物多样性的维护

土壤微生物的作用：土壤微生物是土壤生态系统的重要组成部分，包括细菌、真菌、古菌等。它们能分解有机质，形成土壤结构和养分循环。维护土壤微生物多样性有助于促进土壤生态系统的平衡和稳定。

蚯蚓等生物的作用：蚯蚓等土壤动物能促进土壤通透性，形成土壤结构和调节土壤水分。它们通过挖掘土壤、混合有机物和无机物等活动，改善土壤结构，提高土壤肥力。

促进生物多样性：种植不同种类的植物和微生物，增加土壤中的生物多样性。这有助于提高土壤生态系统的稳定性和恢复力。采用轮作、间作等农业管理措施，减少土壤中害虫和病菌的滋生，促进土壤养分的平衡利用。

综上所述，土壤健康管理需要综合考虑土壤肥力和 pH 值管理以及土壤生物多样性的维护。通过合理的施肥、有机物料的应用和酸碱度调整，可以保持土壤肥沃和适宜的 pH 值；通过促进土壤生物多样性，可以提高土壤生态系统的稳定性和恢复力，为植物生长提供良好的土壤环境。

六 法规与安全

农药安全使用：熟悉并遵守当地关于农药使用的法律法规，确保个人和环境的安全。

植物检疫：理解植物检疫的重要性，掌握如何预防和控制外来有害生物的入侵和扩散。

第四节 农业气象学

掌握农业气象学知识对于指导农业生产活动、提高作物产量和品质以及有效应对气候变化带来的挑战至关重要。

一 气象因素对农业生产的影响

1.光照

光照是植物进行光合作用的主要能源，影响作物的生长速度和产量。不同作物对光照的需求不同，需要根据作物特性合理安排种植时间和布局。

2.温度

温度影响作物的生长速度和发育阶段，过高或过低的温度都会对作物产生不利影响。需要了解作物生长的最适温度范围，通过灌溉、覆盖等措施调节田间温度。

3.水分

水分是作物生长不可或缺的因素，过多或过少的水分都会对作物生长产生负面影响。不同作物对水分的需求量不同，应通过灌溉、排水等措施调节土壤水分。

4.CO_2浓度

CO_2是植物进行光合作用的重要原料，大气中CO_2浓度的变化会影响作物的光合作用效率和产量。需要了解CO_2浓度对作物生长的影响，通过通风、施肥等措施调节作物生长环境中的CO_2浓度。

二 农业气象服务与应用

1.气象预报和预警服务

了解气象预报和预警服务的重要性，利用这些服务来制定更合理的生产计划和决策。例如，根据气象预报提前预知降雨、干旱等天气变化，及时采取灌溉、排水等措施来保障作物生长。

2.农业灾害防治

了解气象灾害如干旱、水涝、冰雹等对农业生产的影响，通过及时预警和防护措施来减少灾害损失。例如，在干旱季节加强灌溉管理，在水涝季节及时排水等。

3.农业气象服务和指导

利用农业气象 App、短信预警系统等现代化工具，获取定制化的气象服务，快速响应气象变化，指导日常农事活动。帮助农民制定更为有效的生产计划和决策。例如，在播种期提供播种建议，在生长期提供田间管理建议等。

通过这些知识的学习和应用，可以更加科学、精准地指导农业生产，提高作物产量和质量，减少自然灾害的影响，促进农业的可持续发展。

第三章

粮食作物与蔬菜栽培技术

第一节　栽培管理

一　土壤选择

选择适合农业种植的土壤类型对于提高作物产量和品质至关重要。不同农作物对土壤的需求有所不同，但一般来说，沙土、壤土和黏土都可以种植农作物，关键在于根据作物需求进行适当改良。例如，沙土透气性好，但保水能力差，需要经常浇水并施用有机肥来提高肥力；壤土则具有较好的透气性、保水能力和肥力，适合大多数农作物生长；黏土保水能力强，但透气性差，需要添加有机物料或粗沙等来增加土壤的孔隙度。

二　整地

整地是作物栽培的重要环节，包括浅耕灭茬、翻耕、深松耕、耙地等步骤。整地的目的是创造良好的土壤耕层构造和表面状态，协调水分、养分、空气和热量等因素，提高土壤肥力，为播种和作物生长、田间管理提供良好条件。

三　播种

播种是将播种材料按一定数量和方式，适时播入一定深度土层中的作业。播种前需要精细整地，并做好种子处理。播种适当与否直接影响作物的生长发育和产量。播种方式有撒播、条播和点播等，应根据作物种类、生育特性、耕作制度、种植密度和播种机具等因素确定。

四　田间管理

田间管理包括间苗、定苗、补苗、镇压、中耕、培土、整枝、蹲苗、施肥、灌溉、除草，以及防治病、虫、草害和抵御各种自然灾害等。这些措施的目的是充分地利用外界环境中对作物生长发育有利的因素，避免不利因素，协调植株营养生长和生殖生长的关系，以保证作物正常生长发育和提高产量。

五 收获

收获是农作物栽培的最后一个环节，也是实现农作物经济价值的关键步骤。收获的时间和方法应根据不同农作物的生长周期和成熟程度来确定。观察作物成熟标志，如颜色变化、籽粒硬度等，适时收获以保证品质。同时，收获过程中应注意避免损伤农作物，及时晾晒干燥，防止霉变，根据不同作物特性采取相应储存措施，如通风、防潮等，以保持农作物的品质和口感。

第二节 育种和良种繁育

一 农作物育种

1.杂交育种

方法：根据育种目标，选择具有优良性状的亲本进行杂交。这些优良性状可能包括高产、抗病、优质等。通过人工控制授粉，使不同亲本进行杂交，产生后代。在杂交后代中，根据育种目标选择具有所需性状的后代进行进一步培育。这通常涉及多代的自交和选择，以固定优良性状。

流程：根据育种需求，挑选具有特定优良性状的植株作为亲本。通过人工授粉等方式，使选定的亲本进行杂交。在杂交后代中筛选出具有所需性状的植株。将筛选出的植株进行自交，并继续选择具有优良性状的后代。经过多代的自交和选择，最终固定所需性状，形成新品种。

2.诱变育种

物理诱变方法：利用物理因素如X射线、γ射线、紫外线等对种子或植株进行辐射处理，以诱发基因突变。

化学诱变方法：使用化学诱变剂如亚硝酸、硫酸二乙酯等处理种子或植株，诱导基因突变。

空间诱变方法：利用宇宙强辐射、微重力等特殊环境条件诱发基因突变。

流程：选择需要进行诱变的种子或植株。利用物理、化学或空间诱变方法对材料进行诱变处理。在诱变后的后代中筛选出具有优良性状或特殊变异的植株进行进一步培育。通过多代的自交和选择,固定所需性状,形成新品种或品系。

二 良种繁育技术

1.种子处理

清选:目的是去除种子中的杂质、病粒、虫蛀粒等,提高种子的纯度和质量。常用的清选方法有水选和风车清选、筛选等。水选法是通过将种子放入水中,根据种子的密度差异进行分离。

消毒:为了防止种子带病传播病害,需要进行消毒处理。常用方法有热水消毒和药剂消毒。热水消毒是将种子放入50~55℃的热水中浸泡10~15分钟,药剂消毒则是利用化学药剂如福尔马林、高锰酸钾进行消毒。

催芽:为了提高发芽率,可以进行催芽处理。常见方法有湿布催芽和沙床催芽。湿布催芽是将种子放在湿布上保持适宜温湿度;沙床催芽则是将种子播在沙床上,待发芽后移栽。

包衣:为了提高种子的抗逆性、防治病虫害,可以进行种子包衣。包衣材料包括肥料、农药、微生物菌剂等,方法有干法包衣和湿法包衣。

贮藏:为了保持种子的生活力和品质,需要进行妥善贮藏。方法有常温贮藏、低温贮藏和密封贮藏等。

2.繁殖技术

自然繁殖:依赖植物自身的繁殖能力进行繁殖,主要包括种子繁殖和无性繁殖。种子繁殖相对简单,适用于大多数农作物;无性繁殖则利用植物的无性繁殖器官进行繁殖,可以保留原种的全部特性。

人工繁殖:利用人工手段进行农作物的繁殖,常见的人工繁殖技术包括嫁接、扦插和组织培养等。

嫁接:将优良品种的茎段接到砧木上,通过茎段之间的愈合使两者结合成为一株新植物,可以传递优良基因并提高产量和质量。

扦插:利用植物茎、叶、根等器官的遗传特性进行繁殖,能够保留原种全部性状且繁殖速度较快。

组织培养:将植物的组织器官分离培养,通过再生和分化形成新的植株,可以大量复制优良品种并进行遗传改良。

三 农作物杂交

1.原理

农作物杂交是利用两个或多个不同品种的优良性状，通过交配集中在一起，从而创造出具有双亲优良性状的新品种。这种方法的原理是基因重组，即通过杂交使得不同品种的基因重新组合，产生新的遗传多样性。杂交可以将双亲控制不同性状的优良基因结合于一体，有望产生在各性状上超过亲本的类型。

2.步骤

亲本选择：根据育种目标选择具有优良性状的亲本，这些亲本应具有较多的优点和较少的缺点，且亲本间的优缺点最好能够互补。同时，至少有一个亲本应是适应当地条件的优良品种。

杂交操作：选定亲本后进行人工杂交，通常包括调节开花期（通过分期播种，调节温度、光照及施肥管理等措施使父母本花期相遇）、去雄（在母本雌蕊成熟前进行人工去雄，并予以套袋隔离，避免自交和天然异交）、授粉（适期授以纯净新鲜花粉）、收获杂种后代等步骤。

杂种后代处理与选择：杂交后的果荚或穗子收获后，在完全干燥后进行脱粒。将获得的种子妥善保存，并在下一个季节来临时进行播种，这就是F1代植物。F1代植物是杂交种子的后代，即杂种。通过对杂种后代的选择和培育，可以获得新品种。

后代选择鉴定：在杂种后代中通过选择而育成纯合品种。选择的依据是各植株的表现型、生长势、抗逆性、产量和品质等因素。经过连续多代的选择和培育，最终可以获得稳定遗传的新品种。

第三节 灌溉与节水技术

一 农业种植的灌溉技术

1.灌溉方式

表面灌溉：最传统的灌溉方式，如漫灌、沟灌等，通过自然重力使水流经田面。这种方式简单但耗水量大，易造成土壤侵蚀和盐碱化。

滴灌法：此方法利用塑料管道将水直接输送到植物根部进行灌溉。它能够精确控制水分的用量和时间，有效避免浪费，并促进植物对养分的吸收，进而增加农作物产量。

微喷灌法：通过小管道或喷头向土壤表面喷洒水进行灌溉。这种方法水流量较大，能快速湿润土壤，且覆盖面积广，有助于节约用水。

大棚灌溉法：在大棚内使用灌溉系统，利用大棚内稳定的环境和适宜的温度来减少水分蒸发，提高灌溉效率。

水肥一体化技术：将水和肥料混合后输送给植物，能够减少施肥过程中的人工操作，提高肥料和水资源的利用效率。

2.灌溉设备

灌溉设备主要包括水泵、输水管、喷头或滴头等。其中，滴灌带是一种重要的灌溉工具，它能够将水均匀而缓慢地滴在作物根部附近的土壤中，极大地提高了水的利用率。

3.注意事项

灌溉前需检查灌溉系统的完整性，确保设备处于良好状态。根据作物需求和生长阶段合理调整灌溉量和频率。定期维护和清洁灌溉设备，防止堵塞和损坏。

二 农业种植的节水技术

1.节水措施

作物结构调整：根据水资源条件选择适宜的作物进行种植，如低耗水、高耐旱的作物。

改进灌溉技术：采用精准灌溉、微喷灌、滴灌等高效灌溉方式。利用传感器监测土壤湿度、气象数据，结合作物需水模型，实现按需灌溉。

雨水收集与利用：通过收集和储存雨水用于农田灌溉，减少对地下水和其他水资源的依赖。

2.效果评估

节水技术的效果主要通过用水量减少、灌溉效率提高、作物产量和品质提升等方面来评估。例如，滴灌技术可以显著减少用水量，同时提高作物的生长质量和产量。

3.发展趋势

智能化：节水技术正朝着智能化、精准化方向发展。物联网、大数据和人工智能等新一代信息技术的引入，将进一步提高节水灌溉的效率和精确度。

综合管理：结合水肥一体化、病虫害防治等，形成综合性节水增效体系。

4.推广和应用建议

加强政策引导：政府应出台相关政策，鼓励和支持节水灌溉技术的研发和应用。

开展技术培训：针对农民和农业技术人员开展节水灌溉技术的培训，提高其应用水平。

加强科研投入：持续投入科研力量，推动节水灌溉技术的创新和发展。

建立示范区：建立节水灌溉示范区，展示节水技术的实际效果，引导农民自发采用。

第四节 平衡施肥技术

一 土壤肥力测定

1.确定研究对象与目标

首先明确研究的作物种类及其主要生长周期、目标市场和预期产量。作物的特性和市场需求直接关系其对营养素的需求量和质量标准。

2.土壤样本采集与测试

采样方法：遵循“随机多点取样”原则，选取代表性区域，深度一般为0~20cm或根据作物根系分布深度调整。样本需充分混合后送检。

测试项目：包括但不限于pH值、有机质含量、有效氮、有效磷、有效钾及中微量元素（如钙、镁、硫、锌、硼等）。pH值对土壤养分的有效性有直接影响，而有机质含量则是土壤肥力的重要指标。

二 作物营养需求分析

基于作物种类，参考国内外权威的作物营养需求数据库或研究成果，分析目标作物在不同生长阶段对主要营养元素及微量元素的需求规律。同时,考虑气候条件、土壤类型对作物营养吸收的影响。

三 目标产量设定与养分需求估算

结合历史产量数据、作物品种潜力、种植管理水平及市场需求,合理设定目标产量。利用养分平衡法或专业软件(如DSSAT、Agronomist)计算达到目标产量所需的养分总量,注意根据实际需求调整施肥量。

四 肥料选择与配比

1.肥料类型

无机肥料:快速释放,适用于快速补充作物急需的养分。

有机肥料:缓慢释放,有助于改善土壤结构,提升土壤生物活性。

缓控释肥料:根据作物生长周期逐步释放养分,减少损失,提高利用率。

2.配比与用量

根据养分需求量和肥料成分,计算每种肥料的施用量。遵循"平衡施肥"原则,即N、P、K比例适宜,同时补充必要的微量元素,避免过量或不足导致的营养失衡。

五 施肥策略与技术

1.施肥时间

基肥:播种或移栽前施入,以有机肥和长效无机肥为主,奠定作物生长的基础。

追肥:根据作物生长发育阶段分次施用,特别是关键生长期(如开花期、果实膨大期),可使用速效肥或叶面肥迅速补充营养。

2.施肥方法

条施/穴施:适合于根系集中的作物,减少养分流失。

撒施:适用于大面积农田,但需注意均匀分布。

滴灌施肥:精准高效,特别适合水肥一体化管理。

叶面喷施:快速补给微量元素,应对特殊营养缺乏情况。

六 环境保护与经济效益

1.减少环境污染

采用精准施肥技术，减少化肥流失，避免地下水污染和富营养化问题。推广有机肥使用，增强土壤碳汇功能。

2.经济效益分析

综合考虑肥料成本、人工费用、预期增产效益等因素，评估施肥方案的经济可行性。适时调整施肥策略，优化投入产出比。

七 监测与调整

1.生长监测

定期检查作物生长状态，如叶色、株高、果实发育情况等，及时发现营养不良或过量的迹象。

2.土壤肥力跟踪

持续监测土壤肥力变化，特别是在连续耕作多年后，需注意土壤退化和养分失衡问题，适时调整施肥方案。

例如，假设测定的土壤中氮含量较低，要达到预期的玉米产量（每亩 800kg），按每生产 100kg 玉米籽粒需吸收纯氮 2.5kg 计算，每亩玉米需氮 20kg，若土壤可提供氮 10kg，那么需要通过施肥补充 10kg 氮。可以选择尿素（含氮 46%）作为氮肥，计算得出，约需 22kg 尿素。基肥，可在播种前施入一半尿素；追肥，在大喇叭口期施入另一半。

第五节 水稻栽培实用技术

一 品种选择

1.当地气候条件

了解当地的气温、降水、光照等气候特点。例如，在气温较低、生长季较短的地区，应选择早熟品种，而在气候温暖、生长季较长的地区，可以选择中晚熟品种。

2.土壤状况

不同的土壤肥力和酸碱度适合不同的品种。肥力较高的土壤可以选择高产品种，而肥力较低的土壤则应选择耐瘠薄的品种。对于酸性土壤，要选择抗酸性较强的品种。

3.种植习惯

应考虑当地的种植方式，如直播还是移栽，以及种植的茬口安排等。有些品种适合直播，有些则更适合移栽。

4.品种特性

优先选择经过审定的、具有良好抗性（如抗倒伏、抗病虫）和高产潜力的品种。同时，还要关注品种的米质，以满足市场需求。

操作建议

可以向当地的农业技术推广部门咨询，了解适合本地种植的主推品种；也可以与周边有经验的种植户交流，参考他们的选择。在购买种子时，要选择正规渠道，注意查看种子的包装、标签和说明书，确保种子质量。

二 育秧

1.准备秧田

选择地块：选择背风向阳、地势平坦、土壤肥沃、排水良好、靠近大田且便于管理的地块作为秧田。

精细整地：提前进行翻耕，深度在15~20cm。耕后耙细，清除杂草和残茬，使土壤细碎、平整。

施肥：施入适量的腐熟有机肥，每亩1000~1500kg，同时加入复合肥20~30kg。施肥后再次耙匀，使肥料与土壤充分混合。

2.种子处理

晒种：在播种前2~3天，选择晴天将种子摊在竹席或苫布上，厚度3~5cm。晒种1~2天，经常翻动，以增强种子活力，提高发芽率。

选种：用盐水或泥水进行选种。盐水的比重为1.10~1.13（25kg水中加入5~6kg食盐），泥水的比重为1.05~1.08（将新鲜鸡蛋放入泥水中，浮出水面面积为5分钱硬币大小)。把种子倒入溶液中，搅拌后捞出浮在上面的瘪粒和杂质，保留沉在下面的饱满种子。

浸种消毒：将选好的种子用清水冲洗干净，然后放入浸种剂中浸泡。常用的浸种剂有咪鲜胺、强氯精等，按照说明书的要求配制溶液和掌握浸泡时间，一般为12~24小时，以杀灭种子表面携带的病菌，预防恶苗病、稻瘟病等病害。

催芽：浸种消毒后的种子捞出洗净，用湿布包好，放在30~32℃的环境中催芽。催芽过程中要经常翻动种子，使温度和湿度均匀，待种子破胸露白达80%左右时即可播种。

3.适时播种

确定播期：根据当地的气候和品种特性，确定合适的播种时间。一般来说，当气温稳定通过12℃时即可播种。早稻在3月中下旬至4月上旬播种，中稻在4月下旬至5月中旬播种，晚稻根据前茬作物的收获时间和品种生育期合理安排，一般在6月下旬至7月上旬播种。

播种方法：将准备好的秧田灌足底水，使土壤湿透。然后将催好芽的种子均匀撒播在秧田上，播种后轻轻镇压，使种子与土壤紧密接触，再覆盖一层0.5~1cm厚的细土。

4.秧田管理

水分管理：播种至出苗前保持秧田湿润，出苗后至一叶一心期保持沟中有水，秧板湿润；一叶一心至二叶一心期浅水勤灌，保持秧板上有浅水；二叶一心以后建立水层，水深以不淹没心叶为宜。

施肥管理：在一叶一心期施“断奶肥”，每亩施尿素3~5kg；在三叶一心期施“促蘖肥”，每亩施尿素5~8kg。施肥时要保持浅水层，施肥后自然落干。

病虫害防治：秧苗期主要防治立枯病、稻瘟病、蓟马、螟虫等病虫害。立枯病可用敌克松防治，稻瘟病可用三环唑防治，蓟马可用吡虫啉防治，螟虫可用氯虫苯甲酰胺防治。要根据病虫害的发生情况，及时进行防治。

操作建议

在秧田管理过程中，要根据天气情况和秧苗生长状况灵活调整水分和施肥量。低温时注意保温，高温时注意通风降温。病虫害防治要做到早发现、早防治。

三 移栽

1.整田

翻耕：在移栽前10~15天进行翻耕，深度18~22cm，使土壤疏松。

施肥：结合翻耕，施入基肥。基肥以有机肥为主，每亩施入腐熟的农家肥1500~2000kg，同时加入复合肥30~40kg、尿素10~15kg、过磷酸钙25~30kg、氯化钾8~10kg。

耙平：施肥后进行耙平，使田面平整，高低差不超过3cm，做到“寸水不露泥”。

2.合理密植

确定密度：根据品种特性、土壤肥力和种植方式，确定合理的移栽密度。一般来说，早稻每亩移栽2万~2.5万穴，中稻1.5万~2万穴，晚稻2万~2.5万穴。每穴栽插2~3株苗。对于分蘖力强的品种，密度可适当稀一些；分蘖力弱的品种，密度要适当密一些。土壤肥力高的地块，密度可适当稀一些；肥力低的地块，密度要适当密一些。

移栽方法：采用手工或机械移栽。手工移栽时，用手将秧苗插入泥土中，深度以2~3cm为宜，要注意栽插的垂直度和均匀度。机械移栽时，要调整好移栽机的参数，确保移栽质量。

操作建议

整田时要注意将田块四周的杂草清理干净，防止杂草重新生长。移栽时要注意秧苗的带土情况，尽量多带土移栽，以提高成活率。

四 田间管理

1.水分管理

返青期：插秧后保持3~5cm的浅水层，以利秧苗返青。

分蘖期：浅水勤灌，保持1~2cm的水层，促进分蘖。当分蘖数达到预定指标时，及时晒田，控制无效分蘖。

孕穗期：保持3~5cm的深水层，以满足幼穗分化对水分的需求。

抽穗开花期：保持浅水层，以利开花授粉。

灌浆期：干湿交替，即灌一次浅水，自然落干后再灌，收获前一周左右断水，以利收获。

2.施肥管理

基肥：基肥占总施肥量的50%~60%，以有机肥和复合肥为主。有机肥能改善土壤结构，提高土壤肥力；复合肥提供水稻生长所需的多种营养元素。

分蘖肥：插秧后7~10天施分蘖肥，以氮肥为主，每亩施尿素8~10kg，促进早分蘖、快分蘖。

穗肥：在幼穗分化期施穗肥，一般每亩施尿素5~7kg、氯化钾5~8kg，促进穗大粒多。

粒肥：在灌浆期，如果水稻叶色偏黄，可适量施粒肥，每亩施尿素2~3kg，或喷施叶面肥，如磷酸二氢钾，以增加粒重，提高结实率。

操作建议

水分管理要根据天气和水稻生长阶段灵活调整，避免长期深水或干旱。施肥时要注意肥料的种类和用量，避免过量施肥造成浪费和环境污染。

五 病虫害防治

坚持“预防为主，综合防治”的方针。定期巡查田间，及时发现病虫害，一旦发现病虫害迹象要及时采取防治措施。

1.农业防治

选用抗病虫品种：选择经过审定、具有良好抗病虫特性的水稻品种，从源头上降低病虫害发生的风险。

合理轮作：避免长期连作水稻，实行水旱轮作或与其他作物轮作，减少病原菌和害虫的积累。

科学田间管理：合理密植，保证通风透光，创造不利于病虫害发生的环境条件。及时清除田间病株、残体，减少病虫害的侵染源。

合理施肥：平衡施肥，避免偏施氮肥，增施磷钾肥和有机肥，增强水稻的抗病虫害能力。

2.物理防治

灯光诱杀：利用害虫的趋光性，在田间设置黑光灯、频振式杀虫灯等诱捕害虫，如稻飞虱、螟虫等。

色板诱杀：使用黄色或蓝色黏虫板诱杀有趋色性的害虫，如稻蓟马等。

3.生物防治

保护和利用天敌：保护稻田中的蜘蛛、青蛙、寄生蜂等害虫天敌，发挥其自然控制作用。

生物农药：使用苏云金杆菌（Bt）、井冈霉素、枯草芽孢杆菌等生物农药防治病虫害。

4.化学防治

准确测报：加强病虫害监测，及时掌握病虫害发生动态，在达到防治指标时进行药剂防治。

对症下药：根据病虫害的种类选择合适的农药，如防治稻瘟病可选用三环唑、稻瘟灵等；防治纹枯病可选用井冈霉素、噻呋酰胺等；防治稻飞虱可选用吡蚜酮、呋虫胺等；防治螟虫可选用氯虫苯甲酰胺、甲维盐等。

注意施药时间和方法：按照农药的使用说明，选择在合适的时间施药，保证施药质量，提高防治效果。一般在病虫害发生初期或低龄幼虫期进行防治，喷雾时要均匀周到，确保药液覆盖到植株的各个部位。

严格遵守农药安全间隔期：在收获前，要确保农药的安全间隔期已过，避免农药残留超标。

常见的病虫害有稻瘟病、纹枯病、稻飞虱、螟虫等，可采用物理防治（如安装杀虫灯）、生物防治（如释放天敌）和化学防治相结合的方法进行防治。

操作建议

病虫害防治要定期巡查田间，发现病虫害及时处理，注意药剂的轮换使用，以延缓抗药性的产生。杂草防除要选择合适的除草剂和用药时间，严格按照说明书使用。

六 收获与储存

1.收获时机

当水稻谷粒 90% 以上变黄成熟时，应立即进行收获以避免落粒损失和影响稻米品质。完熟期的判断标准包括稻谷颜色变黄、籽粒变硬且容易脱落等。

2.晾晒与储存

刚收获的稻谷含水量较高需要晾晒以降低水分含量至安全水平（通常为 14% 以下），以防止霉变发生；储存环境应干燥通风并定期检查，以防虫害和霉变问题出现；对于长期储存的稻谷还需进行定期翻动以保持其品质稳定。

操作建议

> 在收获前要关注天气预报，避免在雨天收获。收获后的稻谷要及时清理杂质，妥善储存。

第六节 小麦栽培实用技术

一 品种选择

品种选择是小麦种植的第一步，也是决定产量和品质的关键因素之一。在选择品种时，需要综合考虑当地的气候条件、土壤肥力、种植制度以及病虫害发生情况等因素。

1.气候条件

不同的小麦品种对温度、光照和降水的要求有所不同。例如，冬性品种需要经过较长时间的低温才能通过春化阶段，适合在冬季寒冷、气温较低的地区种植；而春性品种对低温要求不严格，适合在冬季温暖、气温较高的地区种植。此外，还要考虑小麦生长期间的降水分布情况，选择耐旱或耐涝的品种。

2.土壤肥力

土壤肥力高的地块可以选择产量潜力大、需肥量大的品种，而土壤肥力低的地块则应选择适应性强、耐瘠薄的品种。

3.种植制度

如果是一年两熟或三熟的地区，要选择生育期较短、早熟的品种，以保证茬口的顺利衔接；如果是一年一熟的地区，可以选择生育期较长、中晚熟的品种，充分利用光热资源，提高产量。

4.病虫害发生情况

了解当地常见的病虫害种类和发生规律，选择具有相应抗性的品种。例如，在锈病、白粉病高发地区，应选择抗病性强的品种；在蚜虫、麦蜘蛛严重的地区，选择抗虫性好的品种。

操作建议

可以向当地的农业技术部门咨询，了解最新的品种推荐信息。同时，参考周边农户的种植经验，选择经过多年种植验证、表现良好的品种。在购买种子时，要选择正规渠道，注意查看种子的包装、标签和说明书，确保种子质量。

二 土地准备

1.深耕

深耕可以打破犁底层，增加土壤通气性和保水性，促进根系生长。一般在播种前1~2个月进行深耕，深度以25~30cm为宜。深耕时要注意将前茬作物的残茬和杂草翻埋到土壤深处，使其充分腐熟。

2.平整土地

深耕后，要及时进行耙地和耢地，使土地表面平整，土块细碎，有利于播种和灌溉。如果土地高低不平，容易导致浇水不均匀，影响小麦生长。

3.施基肥

基肥应以有机肥为主，配合适量的化肥。有机肥可以改善土壤结构，增加土壤肥力，提高土壤保水保肥能力。化肥应以氮、磷、钾复合肥为主，根据土壤肥力状况确定施肥量。一般每亩施有机肥2000~3000kg，复合肥30~50kg。基肥可以在深耕前撒施，然后翻入土中。

操作建议

使用大型拖拉机或旋耕机进行深耕作业，确保耕深均匀一致。在平整土地时，可以使用水准仪或激光平地仪等工具，提高土地平整度。施肥时要注意均匀撒施，避免局部施肥过多或过少。

三 播种技术

1.适时播种

适时播种是保证小麦苗齐、苗壮、安全越冬的重要措施。播种过早，容易导致冬

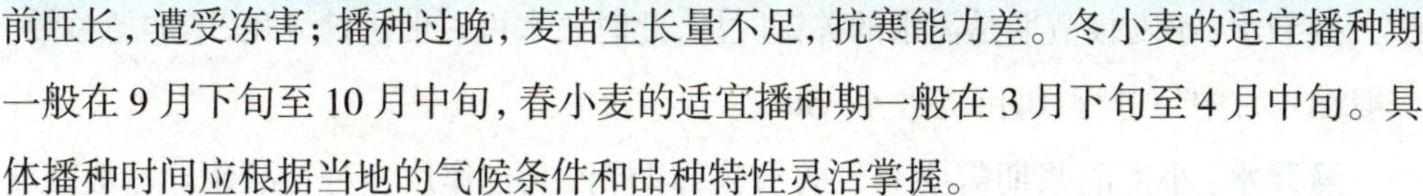

前旺长，遭受冻害；播种过晚，麦苗生长量不足，抗寒能力差。冬小麦的适宜播种期一般在 9 月下旬至 10 月中旬，春小麦的适宜播种期一般在 3 月下旬至 4 月中旬。具体播种时间应根据当地的气候条件和品种特性灵活掌握。

2.播种量

播种量的多少要根据品种特性、土壤肥力、播种时间和播种方式等因素来确定。一般来说，分蘖力强、成穗率高的品种播种量少一些，分蘖力弱、成穗率低的品种播种量多一些；土壤肥力高的地块播种量少一些，土壤肥力低的地块播种量多一些；播种早的地块播种量少一些，播种晚的地块播种量多一些；条播的播种量一般每亩 10~15kg，撒播的播种量一般每亩 15~20kg。

3.播种深度

播种深度一般以 3~5cm 为宜。过深，种子出土困难，出苗时间长，消耗养分多，苗弱；过浅，种子容易落干，影响出苗。土壤墒情好时，播种深度宜浅；土壤墒情差时，播种深度宜深。

4.播种方式

常见的播种方式有条播、撒播和点播。条播，行距一般为 15~20cm，播种均匀，深浅一致，便于田间管理；撒播，操作简单，但播种不均匀，不利于田间管理；点播，适用于旱地或丘陵地区，省种、省工，但播种效率低。

操作建议

使用精密播种机进行播种，能够精确控制播种量和播种深度。在播种前，要对播种机进行调试，确保播种质量。播种后，要及时镇压，使种子与土壤紧密接触，有利于出苗。

四　田间管理

1.浇水

越冬水：在土壤封冻前浇灌越冬水，可以稳定地温，防止小麦冻害，同时为小麦春季生长提供水分。一般在日平均气温下降到 3~5℃时进行，每亩浇水 40~50m^3。

返青水：早春小麦返青后，如果土壤墒情不足，应及时浇灌返青水，促进麦苗生长。浇水时间应根据土壤墒情和气温来确定，一般在 2 月下旬至 3 月上旬进行，每亩浇水 30~40m^3。

拔节水：小麦拔节期是需水的关键时期，此时浇水可以促进穗分化，增加穗粒数。一般在4月中旬进行，每亩浇水40~50m³。

灌浆水：小麦灌浆期需要充足的水分，以保证光合作用和籽粒灌浆。一般在5月中旬进行，每亩浇水30~40m³。但要注意，灌浆后期浇水不宜过多，以免造成倒伏和贪青晚熟。

操作建议

浇水时要采用小水缓浇的方式，避免大水漫灌。浇水后要及时中耕松土，破除土壤板结，提高土壤透气性。

2.施肥

分蘖肥：在小麦分蘖期，结合浇水每亩追施尿素10~15kg，促进分蘖生长。

拔节肥：在小麦拔节期，每亩追施尿素15~20kg、磷酸二铵10~15kg，促进茎秆生长和穗分化。

孕穗肥：在小麦孕穗期，每亩追施尿素5~10kg，增加穗粒数。

叶面喷肥：在小麦生长后期，可进行叶面喷肥，以补充营养。常用的叶面肥有磷酸二氢钾、尿素等，浓度一般为0.2%~0.3%。

操作建议

施肥时要根据小麦的生长情况和土壤肥力灵活掌握施肥量和施肥时间。施肥时要注意均匀撒施，避免集中施肥造成烧苗。

3.中耕除草

中耕：在小麦苗期进行中耕，可以破除土壤板结，提高地温，促进根系生长。一般在麦苗三叶期进行第一次中耕，深度3~5cm；在分蘖期进行第二次中耕，深度5~7cm。

除草：可以采用化学除草和人工除草相结合的方式。化学除草要选择合适的除草剂，并严格按照使用说明进行操作，避免药害。人工除草要在杂草较小的时候进行，连根拔除。

操作建议

中耕时要注意不要损伤麦苗根系。化学除草要在无风晴天进行，喷药要均匀周到。

五　病虫害防治

1.病害

小麦常见的病害有锈病、白粉病、赤霉病等。锈病和白粉病可在发病初期，用三唑酮、戊唑醇等药剂喷雾防治；赤霉病要在小麦抽穗扬花期，用多菌灵、甲基硫菌灵等药剂喷雾防治。

2.虫害

小麦常见的虫害有蚜虫、麦蜘蛛、吸浆虫等。蚜虫和麦蜘蛛可用吡虫啉、啶虫脒等药剂喷雾防治；吸浆虫要在幼虫孵化期，用辛硫磷、毒死蜱等药剂做土壤处理。

操作建议

定期巡查麦田，及时发现病虫害。在防治病虫害时，要注意药剂的轮换使用，避免产生抗药性。同时，要严格遵守农药的安全间隔期，确保小麦质量安全。

六　收获与储存

小麦成熟后要及时收获，以免遭受风雨灾害造成损失。一般在小麦蜡熟末期至完熟期进行收获，此时麦粒呈现品种固有的颜色，含水量在 20% 以下。收获时可以使用联合收割机进行机械化收获，提高收获效率。

第七节　玉米栽培实用技术

一　品种选择

品种选择是玉米种植的首要环节，直接关系到最终的产量和品质。在选择品种时，需要综合考虑以下几个方面。

1.当地气候条件

不同的玉米品种对温度、光照和降水的适应能力有所差异。例如，在北方寒冷地区，应选择生育期较短、耐寒性较强的品种；而在南方温暖湿润地区，则可以选择生育期较长、喜温喜湿的品种。同时，要注意品种对极端天气的抗性，如抗倒伏、抗干旱、抗洪涝等。

2.土壤肥力状况

土壤肥力高的地块适合选择高产、耐肥的品种，而土壤贫瘠的地块则应优先考虑适应性强、耐瘠薄的品种。此外，还需考虑土壤的酸碱度和质地，选择适合的品种以保证良好的生长和发育。

3.种植目的

如果是作为粮食销售，应选择品质优良、口感好、市场需求大的品种；如果是用于饲料加工，则要注重产量和营养成分。

4.病虫害抗性

了解当地常见的玉米病虫害种类，选择具有相应抗性的品种，能够有效减少病虫害的发生和减轻危害，降低防治成本，提高种植效益。

操作建议

可以咨询当地的农业技术推广部门，获取最新的品种推荐信息。也可以与周边有经验的种植户交流，了解他们的种植效果和经验。在购买种子时，要选择正规的种子经销商，查看种子的包装、标签和说明书，确保种子的质量和纯度。同时，注意保存购买凭证，以便在出现问题时能够维权。

二 地块准备

1.选地

选择地势平坦、土层深厚、土壤肥沃、排水良好的地块，避免选择低洼易涝、土壤贫瘠、重茬连作的地块。玉米对土壤的适应性较强，但在疏松、透气、保水保肥能力好的土壤中生长更为良好。

2.整地

在前茬作物收获后，及时进行秋耕或春耕。秋耕的效果通常优于春耕，因为秋耕可以接纳更多的雨雪，增加土壤墒情，同时还能冻死部分地下害虫和病菌。耕地深度一般为25~30cm，通过深耕可以打破犁底层，改善土壤结构，增加土壤通气性和保水性。

3.施肥

结合整地，施足基肥。基肥应以有机肥为主，如腐熟的农家肥、堆肥等，同时配合适量的化肥。有机肥可以改善土壤理化性质，增加土壤肥力的持久性；化肥则能提供玉米生长所需的速效养分。一般每亩施有机肥 2000~3000kg，复合肥 30~50kg。施肥时，将有机肥均匀撒施在地表，然后通过耕地翻入土中；化肥可以在播种时进行条施或穴施。

操作建议

在整地过程中，如果土壤过于黏重，可以适当掺入沙子或炉渣等，以改善土壤质地；如果土壤偏酸性，可以撒施适量的石灰来调节酸碱度。施肥时，要注意根据土壤肥力检测结果和玉米的需肥规律，合理确定施肥量和肥料配比，避免盲目施肥造成浪费和环境污染。

三 播种

1.播种时间

播种时间的选择要综合考虑当地的气候和土壤温度。一般来说，当 5~10cm 土层的地温稳定在 10~12℃时即可播种。春玉米通常在 4 月中下旬至 5 月上旬播种，夏玉米在 5 月下旬至 6 月中旬播种。过早播种，地温低，种子发芽慢，容易遭受低温冻害；过晚播种，则会缩短玉米的生育期，影响产量。

2.播种方法

直播：条播，用播种机或人工按照一定的行距进行播种，行距一般为 60~70cm。条播的优点是播种速度快，种子分布均匀，便于中耕管理；点播，按一定的株距在播种沟内进行点播，每穴播 2~3 粒种子。点播的优点是节省种子，但播种效率相对较低。

育苗移栽：在育苗床上提前培育幼苗，待幼苗长到 3~4 片叶时进行移栽。育苗移栽可以延长玉米的生育期，提高复种指数，但需要投入更多的人力和物力。

3.播种密度

合理的播种密度是实现玉米高产的重要因素之一。密度过大，植株之间相互竞争养分、水分和光照，容易导致植株生长不良、倒伏和病虫害发生；密度过小，则不能充分利用土地和光能，影响产量。播种密度应根据品种特性、土壤肥力和种植方式来确定。一般紧凑型品种每亩4000~5000株，平展型品种每亩3000~4000株。土壤肥力高的地块可以适当密植，肥力低的地块则应适当稀植。

4.播种深度

播种深度要适中，一般为3~5cm。土壤墒情好时宜浅播，墒情差时宜深播。过浅容易导致种子落干，影响出苗；过深则会使种子出土困难，出苗时间延长，消耗过多的养分。

操作建议

在播种前，要对种子进行精选和处理，去除瘪粒、病粒和杂质，然后进行晒种和拌种，提高种子的发芽率和抗病虫害能力。使用播种机播种时，要提前调试好机器，确保播种量和播种深度均匀一致。播种后，要及时镇压，使种子与土壤紧密接触，有利于种子吸水发芽。

四 田间管理

1.查苗补苗

玉米出苗后，要及时进行查苗补苗，确保苗全苗齐。对于缺苗断垄的地方，可以在相邻的多株苗穴中进行移栽，或者补种催芽后的种子。补苗要在3叶前完成，补种要在5叶前完成，以保证植株生长整齐一致。

2.间苗定苗

当玉米苗长到3~4片叶时进行间苗，去除弱苗、病苗和拥挤的苗；5~6片叶时进行定苗，按照预定的株距留下健壮的苗。间苗、定苗要在晴天进行，有利于伤口愈合，减少病虫害的侵染。

3.中耕除草

在玉米生长期间进行2~3次中耕除草。第一次中耕在幼苗期，深度为3~5cm，主要是破除土壤板结，提高地温，促进根系生长；第二次中耕在拔节前，深度为5~7cm，结合追肥进行，同时铲除杂草；第三次中耕在大喇叭口期，深度为7~10cm，主要是培土防倒伏。

4.施肥管理

提苗肥：在玉米定苗后，每亩施尿素10~15kg，或者追施复合肥15~20kg。施肥时可以在植株旁开沟施入，然后覆土。

穗肥：玉米大喇叭口期是营养生长和生殖生长并进的时期，需要大量的养分。此时每亩施尿素 20~25kg、复合肥 10~15kg，施肥方法可以采用穴施或条施。

粒肥：在玉米灌浆期，如果植株出现脱肥现象，可以每亩施尿素 5~10kg，或者喷施叶面肥，如磷酸二氢钾溶液，以延长叶片功能期，增加粒重。

5.水分管理

玉米生长期间需要充足的水分，但不同生育阶段对水分的需求有所不同。苗期需水量较少，适当控水可以促进根系下扎；拔节期至抽雄期是玉米需水的临界期，此时缺水会严重影响产量；灌浆期也需要较多的水分，以保证籽粒饱满；在大喇叭口期至灌浆期，如遇干旱应及时浇水，浇水方式可以采用沟灌、喷灌或滴灌。同时，也要注意排水防涝，避免田间积水造成渍害。

操作建议

中耕除草时要注意不要损伤玉米根系。施肥时要根据土壤墒情和植株生长情况灵活掌握施肥量和施肥时间，避免施肥过多造成烧苗。浇水时要避免大水漫灌，以免造成土壤板结和养分流失。

五 病虫害防治

1.病害

玉米大斑病：主要危害叶片，严重时也会危害叶鞘和苞叶。发病初期，叶片上出现水渍状青灰色斑点，逐渐沿叶脉扩展形成大斑，病斑中央黄褐色，边缘褐色。防治方法：发病初期喷施 50% 多菌灵可湿性粉剂 500 倍液，或 75% 百菌清可湿性粉剂 800 倍液，每隔 7~10 天喷一次，连续喷 2~3 次。

玉米小斑病：症状与大斑病相似，但病斑较小。防治方法同大斑病。

玉米锈病：主要发生在叶片上，初期出现淡黄色斑点，随后形成黄褐色隆起的疱斑。防治方法：发病初期喷施 25% 三唑酮可湿性粉剂 1500 倍液，或 12.5% 烯唑醇可湿性粉剂 2000 倍液。

2.虫害

玉米螟：幼虫蛀食玉米茎秆和穗部，造成植株倒伏和减产。防治方法：可以在玉米心叶末期撒施辛硫磷颗粒剂，或者在幼虫孵化期喷施苏云金杆菌悬浮剂。

蚜虫：群集在玉米叶片背面吸食汁液，导致叶片卷曲、发黄。防治方法：喷施10%吡虫啉可湿性粉剂2000倍液，或50%抗蚜威可湿性粉剂3000倍液。

黏虫：幼虫暴食玉米叶片，严重时可将叶片吃光。防治方法：在幼虫3龄前喷施4.5%高效氯氰菊酯乳油2000倍液，或20%杀灭菊酯乳油1500倍液。

操作建议

定期巡查田间，及时发现病虫害的发生情况。在防治病虫害时，要优先选择生物防治和物理防治方法，如利用天敌、安装诱虫灯等。化学防治要严格按照农药的使用说明进行操作，注意药剂的轮换使用，避免产生抗药性。同时，要注意施药的安全间隔期，确保玉米产品的质量安全。

六 收获

1.收获时间

当玉米苞叶变黄、松散，籽粒变硬、有光泽，乳线消失，基部出现黑色层时，即为成熟，可适时收获。过早收获会导致籽粒不饱满，产量和品质降低；过晚收获则容易造成倒伏、落粒和霉变。

2.收获方法

人工收获：适用于小面积种植或地势复杂的地块。人工掰下玉米穗，然后进行晾晒、脱粒。

机械收获：使用玉米联合收割机进行收获，可以一次性完成摘穗、剥皮、脱粒、秸秆粉碎等作业，提高收获效率。

操作建议

收获后的玉米要及时晾晒，防止霉变。如果需要储存，要将玉米籽粒的水分含量降低到安全储存标准（13%以下），并放在通风干燥的地方。

第八节 蔬菜栽培实用技术

一 品种选择

1.了解当地气候

仔细研究所在地区的气候特点，包括四季的温度变化、日照时长、降雨量等。例如，在北方寒冷地区，要选择耐寒性强、生育期较短的品种，如大白菜、萝卜等；在南方炎热潮湿地区，则应优先考虑耐热、耐湿的品种，如空心菜、苦瓜等。

2.分析土壤条件

检测土壤的肥力、酸碱度（pH 值）、质地（如沙土、壤土、黏土）等。如果土壤贫瘠，可以选择对养分需求较低的品种，如菠菜、苋菜等；若土壤偏酸性，适合种植茄子、辣椒等；而碱性土壤则更适合种植甘蓝、芹菜等。

3.考量市场需求

关注当地市场和消费趋势，选择受欢迎、价格稳定且销量好的品种。比如，近年来，市场需求不断增加的有机蔬菜、特色蔬菜（如紫甘蓝、水果黄瓜）。

4.评估品种特性

除了上述因素，还要考虑品种自身的特性。选择具有良好抗病性、适应性强、产量高且品质优的蔬菜品种。例如，一些抗病毒病的番茄品种、抗霜霉病的黄瓜品种等。

5.依据种植经验

如果有一定的种植经验，可以根据以往的成功经验和失败教训来选择品种。对于新手种植户，可以向周边有经验的农户请教，选择一些相对容易种植和管理的品种。

操作建议

可以多参加当地的农业展会、交流会，与其他种植户交流经验，了解最新的品种信息。在引进新品种时，先进行小规模试种，观察其表现后再大规模种植。

二 土壤准备

1.土壤改良

酸碱度调整：如果土壤过酸，可以撒施石灰粉来提高 pH 值；若土壤过碱，可以施加硫黄粉、硫酸亚铁等降低 pH 值。

肥力提升：对于贫瘠的土壤，大量施用腐熟的有机肥，如厩肥、堆肥、沼气池渣等，既能增加土壤肥力，又能改善土壤结构。此外，还可以添加复合肥、微生物菌肥等，补充土壤中缺乏的养分。

2.深翻整地

深度和时间：在种植前 1~2 周进行深耕，深度一般为 20~30cm。通过深耕，可以将底层的土壤翻到表层，增加土壤的通透性，促进根系生长。

杂物清理：翻耕过程中，注意清除土壤中的石块、残根、杂草等杂物，为蔬菜生长创造一个干净的环境。

3.施肥作畦

基肥：应以腐熟的有机肥为主，如腐熟的鸡粪、牛粪、羊粪等，每亩施用量 2000~5000kg。同时，配合施用适量的复合肥，提供氮、磷、钾等养分。

平畦：适用于地下水位较高、排水不良的地块，畦面与地面平齐，便于灌溉。

高畦：在排水良好的地块使用，畦面高于地面 15~20cm，有利于排水和防止土壤积水。

垄：常用于种植根茎类蔬菜，如红薯、萝卜、芋头等，垄宽一般为 50~60cm，垄高 20~30cm。

操作建议

在进行土壤改良时，要根据土壤检测结果精准施肥。深耕时，可以使用犁或旋耕机等工具，确保翻耕均匀。施肥时，将有机肥均匀撒施在地表，然后翻耕入土。作畦时，要注意畦面的平整度和坡度，以便于灌溉和排水。

三 播种与育苗

1.播种时间

季节影响：春季一般适合播种耐寒性较强的蔬菜，如菠菜、芹菜等；夏季适合种植耐热的蔬菜，如豆角、茄子等；秋季可以播种白菜、萝卜等；冬季在温室或大棚中可以种植反季节蔬菜，如番茄、黄瓜等。

气候波动：关注天气预报，根据当年的气温变化适当调整播种时间。如果春季气温回暖较慢，可以推迟播种；如果秋季降温较早，要提前播种。

2.播种方法

撒播：适用于小粒种子且种植密度较大的蔬菜，如小白菜、生菜等。将种子均匀地撒在畦面上，然后轻轻覆土。

条播：适用于种子较大、株距要求较明确的蔬菜，如胡萝卜、萝卜等。在畦面上开浅沟，将种子均匀播入沟内，覆土压实。

点播：常用于瓜类、豆类等蔬菜，如南瓜、豆角等。按照一定的株行距，在畦面上挖穴，每穴播入 2~3 粒种子，覆土浇水。

育苗移栽：对于一些苗期生长缓慢、对环境要求较高或需要提前上市的蔬菜，如番茄、辣椒、西兰花等，先在育苗床或育苗盘中培育幼苗，待幼苗长到一定大小后再移栽到田间。

3.育苗管理

准备育苗基质：可以购买专用的育苗基质，也可以自己配制。常用的配方是泥炭土、珍珠岩、蛭石按一定比例混合。

播种：将种子播入育苗盘或育苗钵中，覆盖薄土，喷水保湿。

温度控制：根据不同蔬菜的种子发芽和幼苗生长的适宜温度，通过覆盖薄膜、遮阳网等方式调节温度。例如，番茄种子发芽适宜温度为 25~30℃，幼苗生长适宜温度为 20~25℃。

湿度管理：保持育苗床或育苗盘的土壤湿润，但避免积水。在幼苗出土前，适当增加湿度；幼苗出土后，逐渐减少浇水次数。

光照调节：在幼苗生长初期，适当遮阳，避免强光直射；随着幼苗的生长，逐渐增加光照时间和强度。

适时移栽：当幼苗长到一定大小，具有 3~4 片真叶时，即可进行移栽。

施肥与病虫害防治：在幼苗生长期间，适时喷施稀薄的营养液，以补充养分。同时，注意观察幼苗，及时防治猝倒病、立枯病、蚜虫等病虫害。

操作建议

播种前，对种子进行消毒和浸种处理，提高发芽率。直播时，注意种子的覆土厚度，一般为种子直径的2~3倍。育苗移栽时，要小心保护幼苗的根系，避免损伤。

四 田间管理

1.间苗定苗

间苗：应在幼苗出土后及时进行，当幼苗长到2~3片真叶时，去除弱小、拥挤和畸形的幼苗。

定苗：在间苗后的1~2周进行，根据具体蔬菜品种的要求，保留株距均匀、生长健壮的幼苗。

2.浇水

原则：根据蔬菜的种类、生长阶段、天气状况和土壤墒情合理浇水。一般遵循“见干见湿”的原则，即土壤表面干燥后再浇水，浇水要浇透。

方法：采用滴灌、喷灌、沟灌等方式。滴灌可以节约用水，减少土壤板结；喷灌能均匀浇水，适合叶菜类蔬菜；沟灌则适用于较大面积的种植。

3.施肥

基肥：以有机肥为主，结合深耕翻地施入，如腐熟的鸡粪、牛粪等。每亩施用量根据土壤肥力和蔬菜品种而定，一般为2000~5000kg。

追肥：根据蔬菜的生长阶段和需肥特性进行追肥。生长前期以氮肥为主，促进茎叶生长；开花结果期增加磷钾肥，促进花果发育。追肥可以采用根部施肥和叶面施肥相结合的方式。

4.中耕除草

中耕：在蔬菜生长过程中，适时进行中耕，一般在雨后或浇水后进行，深度为5~10cm，避免损伤根系。中耕可以破除土壤板结，增加土壤透气性，促进根系生长。

除草：及时清除田间的杂草，可以人工拔除，也可以使用除草剂。但使用除草剂时要注意选择合适的品种和浓度，避免对蔬菜造成药害。

5.植株调整

搭架引蔓：对于蔓生蔬菜，如黄瓜、豆角等，及时搭建架子，引导藤蔓向上生长，增加通风透光，提高产量和品质。

整枝打杈：对于茄果类蔬菜，如番茄、辣椒等，及时去除多余的侧枝和花果，集中养分供应主枝和果实生长。

摘叶疏果：对于生长过密的叶片和畸形、有病虫害的果实，及时摘除，改善植株的通风透光条件，减少养分消耗。

操作建议

间苗和定苗时，动作要轻，避免损伤留下的幼苗。中耕时，靠近植株根部要浅耕，行间可深耕。浇水宜在早晨或傍晚进行，施肥要注意浓度和用量，避免烧根。植株调整时，使用锋利的剪刀或刀具，伤口要尽量小且平滑。

五 病虫害防治

1.农业防治

合理轮作：合理安排蔬菜的种植茬口，实行轮作制度，避免连作导致病虫害加重。例如，茄科蔬菜与豆科蔬菜轮作。

清洁田园：及时清除田间的病株、病叶、病果和残枝落叶，减少病虫害的越冬和越夏场所。

加强管理：合理密植，增强通风透光；科学浇水施肥，培育健壮植株，提高抗病能力。

2.物理防治

覆盖防虫网：在蔬菜种植区域覆盖防虫网，阻止害虫进入。

悬挂黄板、蓝板：利用害虫的趋黄、趋蓝特性，悬挂黄板、蓝板诱捕害虫，如蚜虫、蓟马等。

使用杀虫灯：夜间开灯诱捕蛾类、甲虫等害虫。

3.生物防治

天敌昆虫：释放捕食螨、赤眼蜂等天敌昆虫，控制害虫的数量。

使用生物农药：如用苏云金杆菌防治菜青虫，用阿维菌素防治螨虫等。

4.化学防治

农药选择：在病虫害发生严重时，选择高效、低毒、低残留的农药进行防治。严格按照农药的使用说明和安全间隔期进行施药。

施药方法：根据病虫害的发生部位和特点，选择喷雾、灌根、撒施等施药方法。

操作建议

定期巡查田间，及时发现病虫害的早期症状。物理防治和生物防治方法应优先使用，化学防治作为最后的手段。施药时要做好个人防护，避免农药中毒。

六 适时采收

1.观察成熟标志

不同蔬菜的成熟标志有所不同。例如，番茄成熟时颜色变红，果实变软；黄瓜成熟时表皮颜色深绿，有光泽，顶部的花开始凋谢。

2.选择合适时间

一般在清晨或傍晚采收，此时蔬菜的温度较低，水分含量较高，有利于保持品质。

3.采收方法

使用锋利的剪刀或刀具，避免损伤植株和其他未成熟的果实。对于叶菜类，可整株采收或摘取外部叶片；对于果菜类，要小心摘取，避免碰伤。

操作建议

收获前，对蔬菜进行质量检测，确保符合食品安全标准。收获后，及时进行分拣、包装和储存，保持蔬菜的新鲜度和品质。

第四章

果树栽培技术

超级新农人
案例精选库
热点广播台
口袋电子书

第一节　果树栽培技术

一　品种选择

气候条件：包括温度、降水、光照时间等。例如，在寒冷的北方地区，应选择耐寒性强的果树品种，如苹果、梨等；而在炎热的南方地区，则更适合种植柑橘、龙眼等。

土壤类型：酸性土壤适合种植蓝莓、杨梅等，而碱性土壤则适宜种植枣树、石榴等。

市场需求：迎合消费趋势，选择口感好、外观美、市场价值高的品种。

二　园地选择与规划

1.园地选择

地势与坡度：选择地势较高、坡度适中的地方，有利于排水和光照。避免在低洼易积水的地段建园，坡度在5°~20°较为合适。

土壤条件：以土层深厚（至少80cm）、肥沃疏松、透气性好、保水保肥能力强的土壤为佳。通过观察土壤颜色、质地、结构以及周边植被生长情况来判断土壤质量。

2.园地规划

道路系统：要规划好果园内的道路系统，包括主路、支路和作业道，以便于运输肥料、果实和进行日常管理。

排灌系统：根据果园的地形和面积，合理设置灌溉渠道和排水设施，确保在干旱时能及时浇水，在雨季能迅速排水。

三　苗木选择与定植

1.定植时间

根据果树品种和当地气候条件，选择合适的定植时间。一般来说，春季和秋季是较为适宜的定植季节。春季定植在土壤解冻后、树苗萌芽前进行，秋季定植在落叶后、

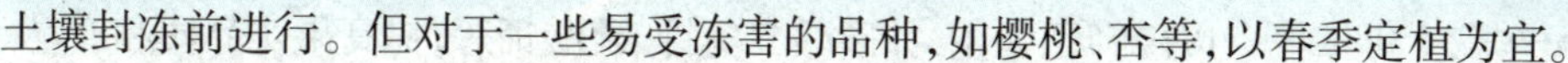

土壤封冻前进行。但对于一些易受冻害的品种，如樱桃、杏等，以春季定植为宜。

2.苗木选择

选择根系发达、无病虫害、生长健壮、芽眼饱满的优质苗木。对于嫁接苗，要检查接口愈合情况，确保嫁接成活。

3.定植方法

挖定植穴：根据苗木根系大小，挖直径和深度适当的定植穴。一般来说，定植穴的直径应比根系直径大 20~30cm，深度比根系长度深 10~20cm。

处理苗木根系：在定植前，对苗木根系进行修剪，去除损伤、腐烂的部分，并将根系浸泡在水中或生根剂溶液中一段时间，以促进根系恢复和生长。

定植：将苗木放入定植穴中，使根系舒展，扶正苗木，填土压实。填土时要注意先填表土，再填心土，分层压实。定植后，浇足定根水，水渗下后在树盘上覆盖一层塑料薄膜或稻草，以保持土壤湿度和提高地温。

操作建议

定植时，要确保苗木的嫁接口高于地面，避免接口部位埋入土中。浇水要浇透，直到水从定植穴底部渗出为止。

四 施肥管理

1.基肥

施肥时间：秋季果实采收后至落叶前施入基肥效果最佳，此时果树根系仍处于活跃期，能够吸收和储存养分，为来年的生长做好准备。

肥料选择：以有机肥为主，如腐熟的农家肥、堆肥、厩肥等，同时加入适量的复合肥和中微量元素肥料。

施肥方法：采用环状沟施、条状沟施或放射状沟施等方法。环状沟施是在树冠外缘垂直投影处挖环状沟，条状沟施是在行间或株间挖条状沟，放射状沟施是从树干向外辐射状挖沟。沟深一般为 30~50cm，施肥后覆土。

2.追肥

萌芽前追肥：以氮肥为主，如尿素、硝酸铵等，促进果树萌芽、开花和新梢生长。

花后追肥：以氮磷钾复合肥为主，补充花期消耗的养分，促进幼果发育。

果实膨大期追肥：以磷钾肥为主，如磷酸二氢钾、硫酸钾等，提高果实品质和产量。

叶面追肥：在果树生长期间，可以结合病虫害防治进行叶面追肥，补充微量元素和营养物质。常用的叶面肥有硼砂、硫酸锌、氨基酸叶面肥等。

操作建议

施肥时要根据果树的生长状况、土壤肥力和肥料种类确定施肥量。施肥位置要与根系分布区域相适应，避免离树干过近或过远。叶面追肥要选择在无风的晴天上午10点前或下午4点后进行，以提高肥料利用率。

五 水分管理

1.浇水

适时浇水：在萌芽期、花期、果实膨大期和冬季封冻前等时期，保持充足的水分。

浇水方法：采用沟灌、滴灌、喷灌等。沟灌是在果树行间或株间开挖灌溉沟，将水引入沟内进行灌溉；滴灌是通过管道将水一滴一滴地均匀滴入果树根部土壤；喷灌是利用喷头将水喷射到空中形成细小的水滴，均匀地洒落在果树上。

2.排水

准备好排水设施，如排水沟、排水管道等，在雨季及时排除积水。

六 整形修剪

1.整形

选择树形：根据果树的品种、生长习性和栽培目的选择合适的树形，如自然开心形、疏散分层形、纺锤形等。

塑造树形：在果树定植后的前几年，通过定干、选留主枝、培养侧枝等方法逐步塑造树形。

2.修剪

冬季修剪：在果树落叶后至春季萌芽前进行，主要包括疏枝、短截、回缩等。疏枝是将过密、交叉、重叠的枝条剪掉，改善通风透光条件；短截是剪去一年生枝条的一部分，促进新梢生长；回缩是对多年生枝条进行短截，更新复壮结果枝组。

夏季修剪：在果树生长季节进行，包括抹芽、摘心、拉枝、扭梢等。抹芽是去除多余的萌芽；摘心是摘除新梢的顶端生长点，控制新梢生长；拉枝是将枝条拉至合适的角度，调整枝条的生长方向和分布；扭梢是将新梢扭伤，抑制其生长，促进花芽分化。

操作建议

修剪时要使用锋利的修剪工具，并注意消毒，防止传播病虫害。修剪的程度要根据果树的生长势和负载量进行调整，避免修剪过重或过轻。对于大型果树，修剪时要注意安全，必要时使用登高设备。

七 花果管理

1.疏花疏果

根据果树的负载能力和果实的大小、品质要求，合理疏除过多的花和果。疏花一般在花蕾期进行，疏果在谢花后1~2周开始，分多次进行。疏花疏果的原则是去弱留强、去病留健、去小留大，使果实分布均匀，合理负载。

2.人工授粉

在花期遇到阴雨、低温等不良天气，影响自然授粉时，可以进行人工辅助授粉。采集花粉，用毛笔、棉签等工具将花粉涂抹在雌蕊柱头上。也可以在果园内放养蜜蜂等传粉昆虫，提高授粉效率。

3.果实套袋

在果实发育一定时期后进行套袋，套袋可以减少病虫害和农药残留，改善果实外观和品质。选择透气性好、防水性强的果袋，在套袋前要对果实进行喷药杀菌，套袋时要将袋口扎紧，防止雨水和害虫进入。

操作建议

疏花疏果时要注意操作的准确性，避免误疏。人工授粉要选择在晴天上午进行，授粉后要及时检查授粉效果。果实套袋要选择合适的时间和方法，避免损伤果实。

八 病虫害防治

1.农业防治

加强果园管理，改善通风透光条件，降低果园湿度，减少病虫害的发生。及时清理果园内的病叶、病果、枯枝、落叶等，减少病菌和害虫的越冬和越夏场所。

2.物理防治

利用糖醋液、黑光灯、黏虫板、防虫网等诱杀害虫。人工捕捉害虫。

3.生物防治

保护和利用果园内的天敌昆虫,如瓢虫、草蛉、赤眼蜂等。使用生物农药,如苏云金杆菌、白僵菌、浏阳霉素等。

4.化学防治

在病虫害发生严重时,选择高效、低毒、低残留的化学农药进行防治。严格按照农药的使用说明和安全间隔期进行施药,避免农药残留超标。

操作建议

定期巡查果园,及时发现病虫害的早期症状,采取相应的防治措施。在使用化学农药时,要注意药剂的浓度和配比,避免药害的发生。同时,要注意农药的轮换使用,防止病虫害产生抗药性。

九 果实采收

1.采收时间

根据果实的成熟度和市场需求确定采收时间。一般来说,果实达到品种固有的色泽、香气、口感等特征时即为成熟。但对于一些需要长途运输或长期贮藏的果实,可以适当提前采收。

2.采收方法

人工采收:用手或专用工具将果实轻轻摘下,避免损伤果实和树枝。对于易落果的品种,可以在树下铺设柔软的垫子,接住掉落的果实。

机械采收:对于一些大规模种植、果实成熟度一致的果园,可以采用机械采收,但要注意控制采收速度和力度,减少果实损伤。

操作建议

采收前要准备好采收工具和容器,容器内要垫上柔软的材料,防止果实碰撞损伤。采收时要按照先上后下、先外后内的顺序进行,避免遗漏果实。采收后的果实要及时进行分级、包装和贮藏,保持果实的新鲜度和品质。

第二节 苹果栽培技术

一 品种选择

1.考虑气候适应性

首先要了解当地的气候特点,包括年平均温度、极端低温、无霜期长短、降水分布等。例如,在寒冷的北方地区,应优先选择抗寒能力强的品种,如寒富苹果;而在温暖湿润的南方地区,可能富士系、嘎啦系等品种更为适宜。

2.关注土壤条件

不同品种对土壤的要求有所差异。如果土壤较为贫瘠且保水保肥能力差,选择适应性强、耐瘠薄的品种;若土壤肥沃深厚,选择对肥力需求较高、产量大的品种。

3.市场需求与销售渠道

研究当地市场和目标销售区域的消费偏好。比如,某些地区对口感脆甜、色泽鲜艳的品种需求较大;若有固定的收购商或特定的销售渠道,要根据其要求选择品种。

4.品种特性评估

除了考虑市场和环境因素,还要评估品种自身的特性。选择具有良好抗病虫能力、果形端正、货架期长的品种。

二 果园选址

1.地形与地势

优先选择地势较为平坦或坡度较缓(不超过 15°)的地块,便于果园的规划和管理操作。避免在山谷底部或山顶等极端位置建园,以防冷空气积聚或遭受强风侵袭。

2.光照与通风

确保果园有充足的阳光照射,每天至少 6 小时的直射光。良好的通风条件有助于减少病虫害的发生,避免选择在狭窄的山谷或背风的角落。

3.土壤质量

土层深度应在60cm以上，土壤肥沃、疏松，排水良好，pH值6.0~7.5。可以通过挖土壤剖面来观察土层结构和肥力状况。

4.水源与交通

果园附近要有充足且清洁的水源，方便灌溉。同时，要考虑果园与道路的连接便利性，便于果实的运输和农资的采购。

操作建议

在选址前，可以请专业的土壤检测机构对拟选地块进行土壤肥力和酸碱度检测。实地观察周边环境，了解风向、光照情况。如有可能，选择靠近已有果园或农业设施较为完善的区域，便于借鉴经验和共享资源。

三 苗木定植

1.定植时间

春季定植：一般在土壤解冻后至萌芽前进行，此时气温逐渐回升，有利于苗木根系的生长和恢复。

秋季定植：在落叶后至土壤封冻前进行，此时苗木进入休眠期，定植后根系有一定的时间适应土壤环境。但秋季定植要注意防寒保暖。

2.苗木处理

修剪根系：去除过长、受损和腐烂的根系，促进新根的生长。

消毒处理：可以用3~5波美度的石硫合剂或其他杀菌剂浸泡苗木根部，杀灭病菌。

蘸生根剂：将苗木根部蘸取适量的生根剂溶液，提高生根能力。

3.定植方法

挖定植穴：穴的大小一般为60~80cm见方，深度根据苗木根系长度而定。

施肥：在穴底施入腐熟的有机肥和适量的复合肥，与土壤混合均匀。

定植：将苗木放入穴中，扶正，使根系舒展，填土至根茎部位，轻轻踏实，浇足定根水。

覆膜：浇水后，在树盘周围覆盖一层塑料薄膜，以提高地温和保持水分。

操作建议

定植时，要注意苗木的嫁接口要露出地面。定根水要浇透，确保土壤与根系充分接触。覆膜时，要将薄膜四周压实，防止被风吹起。

四 果园管理

1.土壤管理

中耕除草：定期进行中耕，深度一般为5~10cm，以破除土壤板结，增加土壤透气性。除草可以人工拔除或使用除草剂，但要注意除草剂的选择和使用方法，避免对苗木造成伤害。

果园生草：播种绿肥或草种时，要选择适合当地气候和土壤条件的品种，如白三叶、紫花苜蓿等。播种后要及时浇水，促进种子发芽和生长。在草长到30~40cm时进行刈割，覆盖在树盘下，增加土壤有机质。

施肥：基肥一般在秋季果实采收后施入，以有机肥为主，如腐熟的鸡粪、牛粪、羊粪等，每亩施用量3000~5000kg，同时加入适量的复合肥。追肥根据苹果树的生长阶段进行，萌芽前以氮肥为主，促进新梢生长；花后以氮磷钾复合肥为主，促进果实发育；果实膨大期以钾肥为主，提高果实品质。施肥时要注意采用环状沟施、条状沟施或穴施等方法，避免撒施造成肥料浪费和环境污染。

2.水分管理

灌溉：根据苹果树的需水规律和土壤墒情，适时进行灌溉。在萌芽期、花期、果实膨大期和封冻前等关键时期，要保证充足的水分供应。灌溉方式可以采用滴灌、喷灌或沟灌等，滴灌和喷灌可以节约用水，提高水分利用率。

排水：在雨季，要及时排除果园内的积水，防止根系浸泡导致烂根。可以通过挖排水沟、修筑垄沟等方式进行排水。

操作建议

施肥时要根据土壤肥力和树体生长状况调整施肥量和肥料配比。灌溉时要注意控制水量，避免过度灌溉造成土壤板结和养分流失。雨后要及时检查果园排水情况，清理排水渠道中的杂物。

五 整形修剪

1.树形选择

疏散分层形：适用于干性较强、树冠较大的品种。具有中央领导干，主枝分层分布，第一层主枝3~4个，第二层主枝2~3个，第三层主枝1~2个。

自由纺锤形：适用于矮化密植果园。干高50~60cm，在中心干上均匀分布10~15个小主枝，小主枝角度开张，上下错落分布。

开心形：无中央领导干，主枝3~4个，向外开张，树冠较矮，通风透光良好。

2.修剪方法

冬季修剪：在苹果树休眠期进行，主要包括疏枝、短截、回缩等。疏枝是将过密、交叉、重叠的枝条从基部剪掉，改善树冠通风透光条件；短截是将一年生枝条剪去一部分，刺激剪口下芽的萌发，促进新梢生长；回缩是将多年生枝条剪去一部分，用于更新复壮。

夏季修剪：在生长季节进行，包括抹芽、摘心、扭梢、拉枝等。抹芽是在萌芽期去除多余的芽，节省养分；摘心是摘除新梢的顶端，控制新梢生长，促进花芽分化；扭梢是将新梢扭伤，抑制其生长，促进花芽形成；拉枝是通过改变枝条的角度和方向，调整树冠结构，缓和树势。

操作建议

整形修剪时要使用锋利的修剪工具，并注意消毒，防止传播病菌。对于较大的枝条修剪，要注意伤口的保护，可以涂抹愈合剂。修剪后要及时清理剪下的枝条，保持果园整洁。

六 花果管理

1.疏花疏果

疏花：在花序分离期，根据树体的负载能力和花量，疏除过多的花序。优先疏除弱枝花、腋花芽花和畸形花。

疏果：在谢花后1~2周开始疏果，首先疏除小果、畸形果、病虫果，然后根据留果间距进行疏果。一般大型果留果间距为20~25cm，中型果为15~20cm。

2.果实套袋

套袋时间：在疏果完成后进行，一般在花后30~45天。选择晴天进行套袋，避免在雨后或露水未干时套袋。

套袋方法：将果袋撑开，使果实悬空在袋内，然后将袋口扎紧在果柄处。注意不要损伤果柄和果实。

摘袋：一般在果实成熟前15~20天摘袋，先摘除外袋，经过3~5个晴天后再摘除内袋，避免果实突然暴露在阳光下造成日灼。

3.辅助授粉

放蜂授粉：在花期前1~2天，将蜜蜂或壁蜂放入果园，每亩果园放置1~2箱蜜蜂或100~150头壁蜂。

人工授粉：采集含苞待放的花朵，取出花药，在室内阴干后收集花粉。在花期用毛笔或授粉器将花粉点授到花柱上。

操作建议

> 疏花疏果时要根据树势和果园的整体情况灵活掌握留果量。套袋时要选择质量好的果袋，并确保套袋操作规范。辅助授粉时要注意天气情况，避免在大风或阴雨天气进行。

七 病虫害防治

1.农业防治

合理修剪：通过修剪改善树冠的通风透光条件，减少病虫害的滋生。

清洁果园：及时清理果园内的病叶、病果、枯枝和落叶，集中烧毁或深埋，减少病源和虫源。

加强栽培管理：合理施肥、浇水，增强树势，提高苹果树的抗病能力。

2.物理防治

诱虫灯：在果园内安装诱虫灯，利用害虫的趋光性诱杀成虫。

糖醋液：配制糖醋液（糖:醋:水=1:4:16），装入容器中，悬挂在果园内诱杀害虫。

黏虫板：黄色黏虫板可诱杀蚜虫、白粉虱等害虫，蓝色黏虫板可诱杀蓟马等害虫。

3.生物防治

保护天敌：果园内的瓢虫、草蛉、赤眼蜂等是害虫的天敌，要注意保护和利用。

生物农药：使用苏云金杆菌、白僵菌、浏阳霉素等生物农药防治病虫害。

4.化学防治

药剂选择：根据病虫害的种类和发生程度，选择高效、低毒、低残留的化学农药。

施药时间：在病虫害发生初期及时施药，注意药剂的安全间隔期。

施药方法：采用喷雾、涂干、灌根等方法进行施药，确保药剂均匀覆盖。

操作建议

定期巡查果园，及时发现病虫害的早期症状。在使用化学农药时，要严格按照说明书的浓度和使用方法进行配制和施药，注意个人防护。多种防治方法结合使用，以减少化学农药的使用量。

八 果实采收

1.采收时间

根据苹果的品种、用途和市场需求确定采收时间。一般来说，鲜食苹果在果实成熟度达到 8~9 成熟时采收，用于长期贮藏的苹果在 7~8 成熟时采收。

2.采收方法

人工采收：采收人员要剪短指甲，戴上手套，用手握住果实，轻轻扭转摘下，避免损伤果柄和果实。

分级包装：采收后的果实要及时进行分级，按照果形、大小、色泽、有无病虫害等标准进行分类。然后用纸箱、果筐等进行包装，包装材料要清洁、牢固。

操作建议

采收时要使用专用的采收工具，如采果剪、果篮等。避免在雨天或有露水时采收，以免影响果实品质和贮藏性。分级包装要在阴凉通风处进行，防止果实暴晒和挤压。

第三节 梨栽培技术

一 品种选择

根据当地的气候、土壤条件和市场需求来选择合适的梨品种。例如，在北方寒冷地区，可以选择抗寒的品种，如秋子梨系列；在南方温暖湿润地区，可选砂梨系列。同时，要考虑果实的品质、产量和抗病性等因素。

二 园地准备

1.选址

选择光照充足、通风良好、排水便利、土层深厚肥沃的地块建园。避免在低洼积水、土壤贫瘠或重茬地种植梨树。土壤应深厚肥沃，土层深度最好在80cm以上，富含丰富的有机质，且具有良好的保水保肥能力。同时，要考虑交通便利性，便于后期的管理和果实的运输。

2.整地

在确定种植地点后，需要进行深翻，深度30~50cm，以打破土壤的板结层，增加土壤的透气性和蓄水能力。在深翻过程中，结合施入基肥，如腐熟的农家肥、堆肥等，每亩可施入3000~5000kg，同时加入适量的复合肥（约50kg），以提高土壤肥力。根据地形和排水情况，将园地整成等高梯田或平地。对于坡度较大的山地，等高梯田可以有效地防止水土流失，确保有一定的坡度以便排水。

操作建议

在深翻前，可对土壤进行采样检测，了解土壤的肥力和酸碱度等指标，以便有针对性地进行改良和施肥。深翻时，可以使用机械犁或旋耕机，但要注意不要损伤地下的管线和设施。整地后，修筑好排水渠道，确保雨水能够及时排出。

三 苗木定植

1.定植时间

春季和秋季都是适合梨树定植的时期，但各有优缺点。春季定植一般在土壤解冻后至萌芽前进行，此时气温逐渐回升，有利于苗木快速生根发芽，恢复生长。但春季定植要注意避开倒春寒，以免新梢受冻。秋季定植则在落叶后至土壤封冻前进行，此时苗木进入休眠期，定植后根系有较长时间适应新环境，来年春季发芽较早。但秋季定植要做好防寒措施，防止苗木受冻。

2.苗木选择

挑选根系发达、枝干健壮、无病虫害的优质苗木。要求主根长度在 20cm 以上，侧根数量在 5 条以上，且根须新鲜、无损伤和病虫害。枝干要健壮、笔直，表皮光滑，无明显的机械伤痕和病虫害痕迹。芽体饱满，无干瘪或受损现象。

3.定植方法

挖定植穴：定植穴的大小应根据苗木根系的大小来确定，一般直径为 60~80cm，深度为 50~60cm，在穴底铺上一层 10~15cm 厚的腐熟有机肥和表土的混合物。

放置苗木：将苗木放入定植穴中，扶正，使根系舒展，避免根系弯曲或缠绕。然后分层填土，先填入表土，再填入心土，边填土边轻轻提苗，使根系与土壤紧密接触。填土至与地面平齐时，轻轻踏实，不要用力过猛，以免损伤根系。

浇水：定植后，立即浇足定根水，使土壤充分湿润，水渗下后，再覆盖一层细土，以保持水分。

操作建议

定植前，可将苗木的根系浸泡在水中 12~24 小时，让其充分吸水。定植时，注意苗木的嫁接口要略高于地面。浇水时，可在水中加入适量的生根剂，促进根系生长。

四 土肥水管理

1.土壤管理

中耕除草：定期进行中耕，深度一般为 5~10cm，以破除土壤板结，增加土壤透气性和保水性。同时，及时清除园内的杂草，减少杂草与梨树争夺水分和养分。可以人工除草,也可以使用除草剂,但要注意选择对梨树安全的除草剂,并按照说明使用。

行间生草:在梨树行间种植绿肥或草种,如三叶草、黑麦草等。生草可以增加土壤有机质含量,改善土壤结构,调节果园小气候。当草长到30~40cm时,进行刈割,覆盖在树盘下。

土壤改良:对于土壤贫瘠、酸碱度不适宜的园地,要进行改良。酸性土壤可以施入石灰来中和酸度,碱性土壤可以施入硫黄粉、硫酸亚铁等来降低酸碱度。同时,增施有机肥可以改善土壤结构,提高土壤肥力。

2.施肥

基肥:秋季果实采收后,结合深翻施入基肥。基肥应以有机肥为主,如腐熟的鸡粪、牛粪、羊粪等,同时加入适量的复合肥和微量元素肥。每亩施入有机肥3000~5000kg,复合肥50~80kg,微量元素肥1~2kg。

追肥:根据梨树的生长发育阶段进行追肥。萌芽期,以氮肥为主,促进新梢生长;花后,以氮磷钾复合肥为主,促进坐果和幼果发育;果实膨大期,以钾肥为主,配合氮磷肥,促进果实膨大和品质提高。追肥可采用穴施、沟施或叶面喷施的方法。

施肥量:施肥量应根据梨树的年龄、树势、产量和土壤肥力等因素来确定。

3.浇水

浇水时间:梨树在不同的生长阶段对水分的需求不同。萌芽前、新梢快速生长期、果实膨大期和封冻前要保证充足的水分供应。在花期和果实成熟期,要适当控制水分,避免浇水过多导致落花落果和果实品质下降。

浇水量:浇水量应根据土壤墒情和梨树的需水量来确定。每次浇水要浇透,使土壤含水量达到田间持水量的60%~80%。但要避免积水,以免造成根系腐烂。

操作建议

施肥时,要注意肥料与根系保持一定的距离,避免直接接触烧伤根系。浇水最好采用滴灌或喷灌的方式,既能节约用水,又能均匀供水。雨后要及时排水,防止积水。

五 整形修剪

1.树形选择

疏散分层形:适用于干性较强、树冠较大的梨树。具有中央领导干,主枝分层分布，第一层主枝3~4个，第二层主枝2~3个，第三层主枝1~2个。层间距要保持在80~100cm，各主枝要错落分布，避免相互遮挡。

开心形：无中央领导干，主枝3~4个，向外开张，角度在60°~70°。这种树形通风透光良好，适合光照不足的地区和密植果园。

Y字形：主干上着生两个主枝，向行间伸展，夹角45°~50°。这种树形结构简单，便于管理和机械化操作。

2.修剪方法

冬季修剪：在梨树落叶后至萌芽前进行。主要包括疏枝、短截、回缩、缓放等。疏枝是将过密枝、交叉枝、重叠枝、病虫枝等从基部剪掉，改善树冠通风透光条件；短截是将一年生枝条剪去一部分，刺激剪口下芽萌发，促进新梢生长；回缩是将多年生枝组或骨干枝的前端部分剪掉，更新复壮；缓放是对一年生枝条不进行修剪，让其自然生长，促进花芽形成。

夏季修剪：在生长季节进行。主要包括抹芽、摘心、扭梢、拉枝等。抹芽是在萌芽期抹去多余的芽；摘心是摘除新梢的顶端部分，控制新梢生长；扭梢是将新梢基部扭伤，使其生长缓和；拉枝是将枝条拉至一定角度，改变枝条的生长方向和角度，调整树冠结构。

操作建议

修剪时要使用锋利的修剪工具，并注意消毒，防止传播病虫害。对于较大的枝条修剪，要注意伤口的保护，可以涂抹愈合剂。根据树势和树冠结构，灵活运用各种修剪方法，达到平衡树势、促进花芽形成和提高果实品质的目的。

六 花果管理

1.疏花疏果

疏花：在花芽膨大至开花前进行。疏花时，要根据树势、品种特性和花量来确定疏花程度。一般来说，要疏去弱花、畸形花、病虫花和过多的花序。对于花量较大的树，可以每隔20~25cm留一个花序。

疏果：在谢花后10~15天开始疏果，在20天内完成。疏果时，要根据树势、品种和负载量来确定留果量。一般按照25~30cm的间距留一个果，大型果适当稀留，小型果适当密留。首先疏去病虫果、畸形果、小果，然后根据留果间距疏去多余的果。

2.果实套袋

套袋时间：在疏果完成后进行，一般在谢花后30~45天。套袋过早，果柄幼嫩，容易损伤；套袋过晚，果实表面已受污染，影响套袋效果。

套袋选择：选择透气性好、防水性强、遮光性好的专用果袋。根据梨的品种和果皮颜色，选择不同颜色和规格的果袋。

套袋方法：套袋前，先将果袋口在水中浸泡3~5分钟，使其湿润柔软，便于操作。然后将幼果放入袋内，使果柄位于袋口中间，用铁丝或扎口绳将袋口扎紧，但不要过紧，以免损伤果柄。

3.辅助授粉

人工授粉：在梨树开花期，采集花粉，用毛笔或授粉器将花粉点授到雌蕊柱头上。也可以将花粉与滑石粉或淀粉按照1:（5~10）的比例混合，用喷粉器进行喷粉授粉。

蜜蜂授粉：在梨树开花前1~2天，将蜜蜂箱放入果园内，每亩果园放置1~2箱蜜蜂。

操作建议

> 疏花疏果时，要小心操作，避免损伤果枝和相邻的花果。套袋时，要注意将袋口扎紧，防止雨水和害虫进入袋内。人工授粉要选择在晴天的上午进行，授粉后2~3小时内遇雨应重新授粉。

七 病虫害防治

1.农业防治

合理修剪：通过修剪，改善树冠的通风透光条件，减少病虫害的滋生和蔓延。

清洁果园：冬季和早春，彻底清理果园内的落叶、枯枝、病果、杂草等，集中烧毁或深埋，消灭越冬病虫源。

加强栽培管理：合理施肥、浇水，增强树势，提高梨树的抗病能力。

2.物理防治

灯光诱杀：在果园内安装黑光灯或频振式杀虫灯，诱杀金龟子、蛾类等害虫。

糖醋液诱杀：配制糖醋液（糖:醋:酒:水=3:4:1:20），装入容器中，悬挂在果园内，诱杀梨小食心虫、梨大食心虫等害虫。

黄板诱杀：在果园内悬挂黄色黏虫板，诱杀蚜虫、白粉虱等害虫。

3.生物防治

保护和利用天敌：果园内的瓢虫、草蛉、食蚜蝇、寄生蜂等是害虫的天敌，要注意保护和利用。可以在果园内种植蜜源植物，为天敌提供栖息和繁殖场所。

生物农药防治：使用苏云金杆菌、白僵菌、浏阳霉素等生物农药防治病虫害。

4.化学防治

药剂选择：根据病虫害的种类和发生程度，选择高效、低毒、低残留的化学农药。

施药时间：在病虫害发生初期及时施药，注意药剂的安全间隔期。

施药方法：喷雾时要均匀周到，使药液充分覆盖树冠和叶片的正反面。

操作建议

定期巡查果园，及时发现病虫害的发生情况。在使用化学农药时，要严格按照说明书的浓度和使用方法进行配制和施药，注意安全防护。多种防治方法结合使用，以减少化学农药的使用量，降低环境污染。

八 采收

1.采收时间

根据梨的品种特性、用途和市场需求来确定采收时间。一般来说，鲜食梨应在果实成熟度达到 8~9 成熟时采收，此时果实口感最佳；用于贮藏的梨应在 7~8 成熟时采收，以延长贮藏期。

2.采收方法

人工采收：采收人员要戴手套，用手握住果实，拇指和食指捏住果柄，轻轻向上一抬，使果柄与果台分离。要避免强拉硬拽，以免损伤果柄和果实。

分级包装：采收后的果实要及时进行分级，按照果实的大小、形状、色泽、有无病虫害等标准进行分类。然后用纸箱、塑料筐等进行包装，包装材料要清洁、卫生、牢固。

操作建议

采收时要准备好采收工具，如采果篮、采果梯等。采收过程中要轻拿轻放，避免碰撞和挤压。分级包装要在阴凉通风处进行，尽快完成，以减少果实的损失。

第四节　柑橘栽培技术

一　品种选择

1.气候适应性

仔细研究当地的气候特点，包括年平均气温、极端低温、年降水量、日照时长等。例如，在冬季气温较低的地区，应选择耐寒性较强的品种，如温州蜜柑；而在气温较高且日照充足的地区，像砂糖橘、沃柑等品种可能更具优势。

2.土壤条件匹配

检测土壤的酸碱度（pH 值）、肥力水平、质地结构等。对于酸性较强的土壤（pH 值小于 5.5），可以选择适应酸性环境的品种，如脐橙；如果土壤肥力较低，应选择耐瘠薄的品种。

3.市场需求考量

关注市场的消费趋势和价格波动。了解不同品种在当地市场的受欢迎程度及销售前景。例如，近年来，无核、口感清甜、易剥皮的品种往往更受消费者青睐。

4.品种特性评估

除了市场和土壤因素，还要考虑品种自身的特性。如有些品种抗病性强，有些则果实外观漂亮、色泽鲜艳，还有些品种产量高、成熟早。综合这些因素，选择最适合的品种。

操作建议

可以咨询当地的农业技术推广部门，获取关于适合本地种植的柑橘品种建议。参加农业展览会或种植户交流活动，实地观察不同品种的生长和结果情况。在引进新品种时，先进行小规模试种，观察其适应性和表现，再决定是否大规模种植。

二 园地准备

1.选址

阳光充足：选择无遮挡、日照时间长的地块，保证柑橘树每天能接受至少 6 小时的阳光直射，以促进光合作用和果实发育。

排水良好：避免选择地势低洼、容易积水的地方，防止柑橘根系长期浸泡在水中导致腐烂。可以观察周边地形和水流走向，或者在雨季实地查看是否有积水现象。

土层深厚肥沃：土层深度应在 80cm 以上，土壤富含腐殖质、矿物质等营养成分。可以通过挖掘土壤剖面来观察土层结构和肥力状况。

交通便利：便于运输农资、果实以及进行日常管理操作。

2.整地

清理杂物：彻底清除园地内的杂草、灌木、残根和石块等，为后续的耕作创造良好条件。

深翻土壤：使用犁、旋耕机等工具进行深翻，深度至少 60cm。深翻时将表层土和底层土充分混合，改善土壤结构，增加土壤通气性和保水性。

改良土壤：如果土壤偏酸性（pH 值小于 5.5），可以撒施适量的石灰来中和酸度；如果土壤肥力不足，可以施入腐熟的有机肥、复合肥等进行改良。

操作建议

在选址时，多比较几个地块，综合考虑各种因素。整地过程中，注意保护周边的生态环境，避免造成水土流失。深翻土壤的时间最好选择在冬季或早春，以使土壤有足够的时间风化和熟化。

三 苗木定植

1.定植时间

春季定植：一般在 2—3 月，此时气温逐渐回升，土壤解冻，有利于苗木根系生长和恢复。但要注意避免在倒春寒期间定植。

秋季定植：9—11 月也是较好的定植时间，此时柑橘树处于生长缓慢期，定植后有一定的时间适应新环境，利于次年春季的生长。但秋季定植要注意做好防寒措施，防止苗木受冻。

2.苗木选择

根系发达：选择根系完整、密集且无损伤的苗木。主根长度应在20cm以上，侧根数量多且分布均匀。

枝干健壮：苗木的枝干应粗壮、直立，表皮光滑，无明显的病虫害痕迹和机械损伤。

叶片健康：叶片应浓绿、有光泽，无病斑、虫害和畸形。

品种纯正：确保所选购的苗木是纯正的品种，来源可靠，最好从正规的苗木繁育基地或有良好口碑的供应商处购买。

3.定植方法

挖定植穴：根据苗木根系的大小，挖直径60~80cm、深度50~60cm的定植穴。在穴底施入腐熟的有机肥和适量的磷肥，与土壤混合均匀。

放置苗木：将苗木放入定植穴中，扶正苗木，使根系舒展，避免弯曲和缠绕。

填土压实：先填入表土，再填入心土，边填土边轻轻提苗，使根系与土壤紧密接触。填土至苗木根茎部位，轻轻压实，但不要用力过猛，以免损伤根系。

浇水定根：定植后，浇足定根水，使土壤充分湿润，水下渗后再覆盖一层细土，以减少水分蒸发。

操作建议

定植前，对苗木进行适当修剪，剪去部分枝叶，减少水分蒸发。定植时，注意苗木的嫁接口要露出地面。浇水要浇透，确保根系周围的土壤都湿润。

四 土肥水管理

1.土壤管理

中耕除草：定期进行中耕，深度5~10cm，以破除土壤板结，增加土壤透气性。除草可以人工拔除或使用除草剂，但要注意选择对柑橘树安全的除草剂，并按照说明使用。

种植绿肥或覆盖：在行间种植绿肥植物，如紫云英、苕子等，在花期翻耕入土，增加土壤有机质。也可以用稻草、秸秆等进行覆盖，保持土壤湿度，抑制杂草生长。

土壤改良：对于土壤板结、酸化严重的园地，可以通过增施有机肥、石灰等进行改良。

2.施肥

基肥：冬季施入，以有机肥为主，如腐熟的鸡粪、牛粪、羊粪等，每亩施用量2000~3000kg。同时加入适量的复合肥和中微量元素肥。

春季萌芽肥：在萌芽前1~2周施入，以氮肥为主，配合磷钾肥，促进新梢生长和花芽分化。

花期肥：在开花前施入，以磷钾肥为主，配合氮肥，提高坐果率。

果实膨大肥：在果实膨大期施入，以钾肥为主，配合氮磷肥，促进果实生长和品质提高。

采果肥：在采果后及时施入，以速效氮肥为主，恢复树势，促进花芽分化。

3.浇水

根据天气和土壤墒情适时浇水。在春梢萌动期、花期、果实膨大期等关键时期，要保证充足的水分供应。但在雨季要注意排水，避免积水。可以采用滴灌、喷灌等节水灌溉方式，提高水分利用率。

操作建议

施肥时要注意肥料与根系保持一定的距离，避免直接接触烧伤根系。浇水要根据土壤湿度和柑橘树的生长需求进行，避免过度浇水或缺水。

五 整形修剪

1.树形选择

自然圆头形：主干高度30~40cm，无明显的中心干，在主干上均匀分布3~5个主枝，每个主枝上再分生侧枝，形成自然圆头形树冠。

开心形：主干高度30~50cm，保留3~4个主枝，主枝向外开张，角度45°~60°，主枝上再分生侧枝。

2.修剪方法

幼树修剪：主要目的是培养树形，促进树冠扩大。定干后，选留3~4个生长健壮、分布均匀的新梢作为主枝培养，疏除过密枝、交叉枝和弱枝。在新梢生长过程中，进行摘心、短截等处理，促进分枝。

结果树修剪：主要是调整营养生长与生殖生长的平衡，改善通风透光条件。疏除过密枝、交叉枝、下垂枝、病虫枝和弱枝；回缩结果后的枝组；短截部分营养枝，促进花芽分化。

老树修剪：更新复壮，回缩衰老的主枝和侧枝，刺激潜伏芽萌发，培养新的枝组。

操作建议

修剪时使用锋利的修剪工具，并注意消毒，防止传播病虫害。对较大的枝条进行修剪，要注意伤口的保护，可以涂抹愈合剂或防腐剂。

六 花果管理

1.疏花疏果

疏花：在现蕾至开花期进行，疏除过多的花蕾和畸形花。对于花量过大的树，可以适当短截花枝，减少花量。

疏果：分两次进行，第一次在谢花后 1~2 周，疏除小果、病虫果、畸形果和过密果；第二次在生理落果结束后，根据树势和负载量，确定合理的留果量。

2.保花保果

营养调节：在花期和幼果期喷施叶面肥，如硼砂、磷酸二氢钾等，补充营养，提高坐果率。

激素保果：在谢花后 7~10 天，喷施赤霉素、细胞分裂素等生长调节剂，促进果实发育。

环割保果：对于生长旺盛的树，在花期或谢花后，在主干或主枝上进行环割，阻止养分向下运输，提高坐果率。

操作建议

疏花疏果时要根据树势和品种特性进行，避免过度疏除或留果过多。保花保果措施要根据树体的生长状况和天气情况灵活运用。

七 病虫害防治

1.常见病虫害

病害：炭疽病、溃疡病、黄龙病、疮痂病等。

虫害：红蜘蛛、蚜虫、介壳虫、潜叶蛾等。

2.防治方法

农业防治：加强果园管理，合理修剪，保持树冠通风透光；及时清理病叶、病果和枯枝，减少病源；增施有机肥，增强树势，提高植株的抗病能力。

物理防治：利用黄板、蓝板诱杀蚜虫、蓟马等害虫，利用糖醋液诱杀金龟子、果蝇等，安装杀虫灯诱杀蛾类害虫。

生物防治：保护和利用天敌，如捕食螨、草蛉、瓢虫等；使用生物农药，如苏云金杆菌、白僵菌等。

化学防治：在病虫害发生严重时，选择高效、低毒、低残留的化学农药进行防治。严格按照农药的使用说明和安全间隔期进行施药。

操作建议

定期巡查果园，及时发现病虫害的早期症状。多种防治方法综合运用，减少化学农药的使用量。施药时要注意安全，做好防护措施。

八 果实采收

1.采收时间

根据品种、用途和市场需求确定采收时间。鲜销的果实应在果实充分成熟、色泽鲜艳、口感最佳时采收；用于贮藏的果实，可适当提前采收。

2.采收方法

采收人员应剪平指甲，戴手套，使用专用的采果剪或采果钳进行采收。采收时，从果梗处剪下果实，避免拉拽果实，以免损伤果蒂和果皮。轻拿轻放，将果实放入果篓或果筐中，避免挤压和碰撞。

操作建议

采收前准备好采收工具和容器，并进行消毒处理。采收时先采外围和下部的果实，后采上部和内部的果实。采收后的果实应及时进行分级、包装和贮藏。

第五章

畜禽养殖技术

第一节 畜禽养殖技术

一 养殖品种选择

根据当地的气候条件、市场需求、养殖环境以及自身的经济实力和技术水平，选择适合的畜禽品种。例如，在气候寒冷的地区，选择耐寒的品种；市场对猪肉需求大，且有足够的场地和资金，可选择养猪。同时，要选择正规渠道引进优良的种苗，确保其健康无病。

二 养殖场建设

1.合理选址

地势与排水：选择地势较高、干燥的场地，避免在低洼易积水的地方建设养殖场。这样可以减少雨季时积水和洪涝对畜禽的影响，有利于保持养殖场的干燥和卫生。

通风与采光：场地应具有良好的通风条件，以保证空气流通，减少氨气、硫化氢等有害气体的积聚。充足的自然采光有助于加快畜禽的生长和提高生产性能，同时也能节约能源。

远离污染源和居民区：养殖场应远离工厂、垃圾处理场等污染源，以避免环境污染和疫病传播。同时，要与居民区保持一定的距离，以减少养殖对居民生活的影响，避免可能的纠纷。

2.场地布局

养殖区规划：根据养殖的品种和规模，合理划分不同的养殖区域。例如，肉猪养殖可以分为仔猪区、育肥区和种猪区，蛋鸡养殖可以分为育雏区、产蛋区和淘汰鸡区。每个区域应具有独立的出入口和防疫设施。

饲料储存区设置：饲料储存区应位于干燥、通风良好的地方，并采取防潮、防虫、防鼠等措施，确保饲料的质量和安全。

粪污处理区安排：粪污处理区应位于养殖场的下风向，远离养殖区和水源地。

可以建设沼气池、化粪池、堆肥场等设施，对粪污进行无害化处理和资源化利用。

3.畜禽舍建设

建筑结构：畜禽舍的建筑结构应根据当地的气候条件和养殖品种的特点来确定。在寒冷地区，可以采用封闭式的畜禽舍，增加保温设施；在炎热地区，则应采用开放式或半开放式的畜禽舍，加强通风散热。

内部设施：舍内要配备合适的饲养设备，如食槽、水槽、产蛋箱、卧床等。地面应采用防滑、易清洁的材料，墙壁要光滑，便于消毒。

环境控制：安装通风设备、降温设备（如风扇、水帘）和供暖设备（如暖气、地暖），以调节舍内的温度、湿度和空气质量。

操作建议

在选址时，可以请专业的地质勘查人员进行评估，确保场地的地质条件稳定。场地布局要符合养殖流程，便于管理和防疫。畜禽舍的建设要遵循相关的建筑规范和标准，确保结构安全。在建设过程中，可以多参考其他成功的养殖场的设计和经验。

三 饲料管理

1.优质饲料选择

了解饲料成分：饲料的成分包括蛋白质、碳水化合物、脂肪、维生素、矿物质等。不同生长阶段和生产性能的畜禽对这些营养成分的需求不同。例如，仔猪需要高蛋白、高能量的饲料来促进生长，而产蛋鸡则需要更多的钙来保证蛋壳质量。

选择正规厂家：购买饲料时，要选择信誉好、质量可靠的正规厂家生产的产品。查看饲料的标签和说明书，了解其成分、生产日期、保质期等信息。

注意饲料质量：优质的饲料应具有良好的色泽、气味和口感，无异味、无霉变、无杂质。

2.合理饲喂

制订饲喂计划：根据畜禽的品种、年龄、体重、生产性能等因素，制订科学合理的饲喂计划。确定每天的饲喂次数、饲喂量和饲料的种类。

定时定量饲喂：按照饲喂计划，定时定量地给畜禽投喂饲料，使它们养成良好的采食习惯。避免过度饲喂，造成饲料浪费和消化不良；也避免饲喂不足，影响畜禽的生长和生产。

饲料过渡： 在更换饲料品种或阶段时，要进行逐渐过渡，避免突然更换引起畜禽的应激反应。

3.饮水供应

水质要求： 提供清洁、卫生、无污染的饮水。可以使用自来水或经过净化处理的井水。定期对饮水进行检测，确保其符合卫生标准。

饮水设备： 安装合适的饮水设备，如乳头式饮水器、水槽等。定期检查和维护饮水设备，保证其正常运行，避免漏水和堵塞。

水温控制： 在冬季，要为畜禽提供温水，以避免饮用冷水引起胃肠道疾病；在夏季，要保证饮水的清凉，以缓解高温对畜禽的影响。

操作建议

可以定期对饲料进行抽样检测，确保其质量符合要求。根据畜禽的采食情况和生长状况，及时调整饲喂计划。每天检查饮水设备，及时清理和更换损坏的部件。

四 疫病防控

1.免疫接种

制定免疫程序： 根据当地的疫病流行情况、养殖品种和年龄等因素，制定科学合理的免疫程序。免疫程序应包括疫苗的种类、接种时间、接种剂量和接种途径等。

选择合适疫苗： 使用正规厂家生产、经过国家批准的疫苗。注意疫苗的保存条件和有效期，避免使用失效或变质的疫苗。

正确接种操作： 接种疫苗时，要严格按照操作规程进行。使用消毒过的注射器和针头，确保接种部位准确，剂量适当。接种后，要观察畜禽的反应，如有异常应及时处理。

2.卫生消毒

环境消毒： 定期对畜禽舍、养殖场地、道路等进行消毒。可以使用生石灰、火碱、过氧乙酸等消毒剂，按照规定的浓度和方法进行喷洒或熏蒸。

用具消毒： 对饲养用具、运输车辆、医疗器械等进行定期消毒。可以采用浸泡、煮沸、紫外线照射等方法。

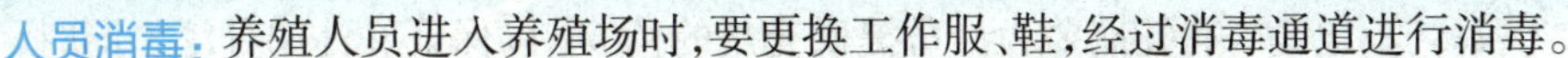

人员消毒：养殖人员进入养殖场时，要更换工作服、鞋，经过消毒通道进行消毒。

3.疫病监测

日常观察：每天观察畜禽的精神状态、食欲、粪便等情况，及时发现异常。对于疑似患病的畜禽，要立即隔离，并进行诊断和治疗。

定期检测：定期对畜禽进行疫病检测，如抗体检测、病原检测等。及时了解畜禽的免疫状况和疫病感染情况，采取相应的防控措施。

操作建议

免疫接种工作应由经过培训的专业人员进行。消毒工作要全面、彻底，不留死角。建立疫病监测档案，记录检测结果和处理措施。

五 繁殖管理

1.种畜禽选择

来源可靠：选择来自正规养殖场、具有优良遗传背景的种畜禽。要求种畜禽具有良好的体型外貌、生产性能和健康状况。

系谱清晰：了解种畜禽的系谱，避免近亲繁殖。近亲繁殖会导致后代的遗传缺陷和生产性能下降。

性能评估：通过对种畜禽的生长速度、繁殖性能、抗病能力等指标进行评估，选择性能优秀的个体作为种用。

2.适时配种

掌握发情规律：了解不同畜禽的发情特点和规律，通过观察外观、行为和生理变化来判断发情期。例如，母猪发情时会出现阴户红肿、食欲减退、躁动不安等症状，母羊发情时会表现出频繁摇尾、接受公羊爬跨等行为。

选择最佳配种时间：根据发情期的长短和排卵时间，选择最佳的配种时间。一般来说，在发情中期进行配种，受孕率较高。对于一些需要人工授精的畜禽，要掌握好精液的采集、保存和输精技术。

3.妊娠与哺乳期管理

妊娠母畜护理：为妊娠母畜提供营养均衡的饲料，保证胎儿的正常发育。避免剧烈运动和惊吓，防止流产。定期进行妊娠检查，及时发现和处理异常情况。

哺乳期管理：哺乳期要为母畜提供充足的营养，以保证乳汁的分泌。同时，要做好仔畜的护理工作，如及时吃到初乳、固定乳头、防寒保暖等。

操作建议

建立种畜禽档案，记录其繁殖性能和后代情况。配种时要注意环境的安静和卫生。在妊娠和哺乳期，要根据母畜和仔畜的实际情况，合理调整饲料和管理措施。

六 粪污处理

1.合理规划粪污处理设施

沼气池建设：沼气池是处理畜禽粪污的有效设施之一，可以将粪污中的有机物发酵，产生沼气，用于照明、取暖和做饭等。沼气池的建设要符合相关标准，保证安全和正常运行。

堆肥场设置：堆肥场用于将粪便进行堆肥处理，制成有机肥料。堆肥场应具有防雨、防渗、通风等设施，便于粪便的发酵和腐熟。

污水处理系统：对于养殖过程中产生的污水，要建立污水处理系统，通过沉淀、过滤、生物处理等方法，使污水达到排放标准。

2.粪污处理方法

干清粪：采用人工或机械的方式及时将粪便清理出畜禽舍，减少粪便在舍内的停留时间和污染。干清粪有利于保持舍内的环境卫生，降低氨气等有害气体的产生。

雨污分流：通过建设专门的雨水排放系统和污水排放系统，实现雨水和污水的分离。这样可以减少污水的产生量，降低处理成本。

资源化利用：将处理后的粪污进行资源化利用，如作为有机肥料用于农田种植、果园施肥等。这样不仅可以减少环境污染，还能提高土壤肥力，实现农业的可持续发展。

操作建议

在规划粪污处理设施时，要充分考虑养殖场的规模和未来发展。定期对粪污处理设施进行检查和维护，确保其正常运行。在粪污资源化利用时，要注意合理施肥，避免过量使用造成土壤污染。

七 日常管理

1.做好养殖记录

存栏记录：详细记录畜禽的存栏数量、品种、年龄、性别等信息，便于掌握养殖场的生产动态。

饲料使用记录：记录饲料的采购日期、种类、数量、使用情况等，有助于分析饲料成本和效益。

疫病防控记录：记录疫苗接种、消毒、疫病发生和治疗等情况，为疫病防控提供参考。

繁殖记录：记录种畜禽的交配、妊娠、产仔等信息，便于评估繁殖性能和制订繁殖计划。

2.人员培训

养殖技术培训：定期组织养殖人员参加养殖技术培训，学习最新的养殖知识和技术，提高养殖水平。

疫病防控培训：加强疫病防控知识的培训，使养殖人员了解疫病的传播途径、症状和防控措施，提高疫病防控意识和能力。

安全管理培训：进行安全生产培训，提高养殖人员的安全意识，掌握防火、防盗、防电等安全知识和技能。

3.关注政策法规

环保政策：了解国家和地方关于畜禽养殖的环保要求，如粪污处理、排放标准等，确保养殖场符合环保规定。

动物防疫政策：熟悉动物防疫的相关法律法规，如强制免疫、疫情报告、检疫制度等，依法做好动物防疫工作。

扶持政策：关注政府对畜禽养殖的扶持政策，如补贴、贷款、保险等，积极争取政策支持，促进养殖场的发展。

操作建议

使用专门的养殖管理软件或纸质表格进行记录，确保数据的准确和完整。定期对养殖人员进行考核，激励他们不断学习和提高。及时关注政策法规的更新和变化，确保养殖场的合法合规运营。

第二节　养猪实用技术

一　猪舍建设

1.选址

地势高燥：选择地势较高的地方，避免在低洼易积水处建舍，防止雨季时猪舍被水淹，导致猪只患病。

排水良好：场地要有一定的坡度，便于自然排水。

背风向阳：猪舍应建在背风处，避免冬季寒风直接吹入，同时要保证充足的阳光照射，有利于猪舍保持干燥和温暖。

远离居民区和污染源：距离居民区至少 500m，以减少养殖对居民生活的影响，并避免受到周边污染源的污染，如化工厂、垃圾处理场等。

2.布局

生产区：包括猪舍、饲料储存和加工间、兽医室等。猪舍按照猪的不同生长阶段进行分区，如种猪舍、仔猪舍、育肥舍等，每个区域之间要有一定的间隔。

生活区：养殖人员生活区域，应与生产区有明显的隔离，防止人员将病菌带入生产区。

隔离区：用于隔离患病猪只，位置应在下风向，且与其他区域有足够的距离，便于进行疫病防控和处理。

3.猪舍设计

通风设施：安装合适的通风设备，如风扇、通风窗等。在夏季，通过加强通风降低猪舍内的温度；冬季则要注意调节通风量，避免冷风直吹猪只。

保温防暑：根据当地气候条件，采取相应的保温和防暑措施。在寒冷地区，猪舍可以增加保温层，如在墙壁和屋顶使用保温材料；炎热地区，则要设置遮阳设施和降温设备，如水帘降温系统。

地面设计：地面要坚实、防滑、易清洁。可以采用水泥地面，并设置一定的坡度，便于尿液和污水流向排污沟。

空间大小：根据猪的数量和生长阶段，合理确定猪舍的面积和空间高度。一般来说，每头育肥猪需要 1~1.5m² 的空间，仔猪和种猪的空间需求相对较大。

操作建议

在猪舍建设前，要做好规划和设计，绘制详细的图纸。施工过程中，要确保建筑质量，特别是屋顶和墙壁的密封性，防止漏雨和透风。猪舍建成后，要进行彻底的清洁和消毒，然后再引入猪只。

二 品种选择

1.根据养殖目的

肉猪生产：选择生长速度快、饲料转化率高、瘦肉率高的品种，如长白猪、大约克夏猪、杜洛克猪等。这些品种通常在 5~6 个月就能达到出栏体重。

种猪繁育：注重繁殖性能，如母猪的产仔数、泌乳能力，公猪的精液品质等。常见的优良种猪品种有太湖猪、荣昌猪等。

2.适应本地环境

气候适应：如果当地夏季炎热潮湿，应选择耐热、耐湿的品种；冬季寒冷漫长，则要选择耐寒性强的品种。

饲料资源：结合当地的饲料供应情况，选择能够适应本地饲料的品种。例如，有些品种对粗饲料的利用能力较强，如果当地有丰富的农作物秸秆等粗饲料资源，选择这类品种可以降低饲料成本。

操作建议

可以向当地的畜牧兽医部门咨询适合本地养殖的品种。在引进种猪时，要选择正规的种猪场，查看种猪的系谱和检疫证明，确保种猪的品质和健康状况。引进后，要进行一段时间的隔离观察，确认无疫病后再混入猪群。

三 饲料管理

1.饲料种类

仔猪饲料：富含优质蛋白质、维生素和矿物质，易消化吸收，如乳清粉、鱼粉等。

育肥猪饲料：以能量饲料为主，如玉米、小麦等，搭配适量的蛋白质饲料和矿物质饲料。

母猪饲料：根据不同的生理阶段，如妊娠、哺乳，调整饲料的营养成分。妊娠母猪饲料要控制能量摄入，防止过肥；哺乳母猪饲料则要提高蛋白质和能量水平，以满足泌乳的需要。

2.饲料质量

原料采购：选择优质的饲料原料，避免采购发霉、变质的原料。可以通过观察颜色、气味、质地等判断原料的质量。

储存管理：饲料应存放在干燥、通风、阴凉的地方，防止受潮、发霉。定期检查库存饲料，如有变质及时处理。

饲料加工：饲料加工过程要严格按照配方进行，保证各成分的比例准确。加工设备要定期清洁和维护，防止残留饲料变质污染新饲料。

3.饲喂方法

定时定量：根据猪的生长阶段和食欲，确定每天的饲喂次数和饲喂量。仔猪每天可饲喂 4~6 次，育肥猪每天 2~3 次。每次饲喂的量要适中，避免剩余饲料过多造成浪费和污染。

湿拌料：对于仔猪和保育猪，可以采用湿拌料的方式饲喂，提高饲料的适口性和消化率。

自由采食与限制采食：育肥猪前期可以采用自由采食的方式，促进生长；后期为了控制体重和脂肪沉积，可以适当限制采食。

操作建议

可以根据猪的采食情况和生长状况，适时调整饲料配方和饲喂量。定期清理料槽，保持饲料的清洁卫生。对于自配饲料的养殖户，要严格按照饲料配方进行配料，确保饲料营养均衡。

四 疫病防控

1.免疫接种

制定免疫程序：根据当地的疫病流行情况、猪的品种和年龄，制定合理的免疫程序。常见的疫苗有猪瘟疫苗、口蹄疫疫苗、猪蓝耳病疫苗、猪伪狂犬病疫苗等。

疫苗选择:从正规渠道购买质量可靠的疫苗,并按照说明书的要求保存和运输。

免疫操作:免疫接种时,要严格按照操作规程进行,选择合适的注射部位和针头,确保疫苗注射到正确的部位和剂量。接种后,要观察猪只的反应,如有异常及时处理。

2.卫生消毒

猪舍消毒:定期对猪舍进行全面消毒,包括地面、墙壁、天花板、设备等。可以使用火碱、过氧乙酸、碘伏等消毒剂,按照一定的浓度稀释后进行喷雾或浸泡消毒。

用具消毒:对饲料槽、饮水器、注射器等用具进行定期消毒,可以采用高温煮沸、紫外线照射、化学消毒剂浸泡等方式。

人员消毒:进入猪舍的人员要更换工作服和鞋,并经过消毒通道进行消毒。

3.疾病监测

日常观察:每天观察猪只的精神状态、食欲、粪便、体温等,及时发现异常情况。如猪只出现精神沉郁、食欲不振、腹泻、发热等症状,要立即隔离。

定期检测:定期采集猪只的血液、粪便等样本,进行疫病检测,如抗体检测、病原检测等,及时了解猪群的健康状况。

操作建议

建立免疫接种档案,记录每次接种的时间、疫苗种类、剂量、接种人员等信息。消毒时要注意消毒剂的浓度和作用时间,确保消毒效果。对于疑似患病的猪只,要及时送兽医诊断和治疗,同时对同群猪进行隔离观察。

五 繁殖管理

1.种猪选择

外貌特征:种猪应具有良好的外貌特征,如体形匀称、结构良好、四肢健壮、生殖器官发育正常等。

生产性能:通过查看种猪的系谱和生产记录,了解其父母代和自身的繁殖性能,如产仔数、仔猪成活率、断奶体重等。

健康状况:选择健康无病、无遗传缺陷的种猪,避免引入携带疫病的种猪。

2.配种时机

母猪发情鉴定:通过观察母猪的外阴状态、黏液分泌、精神状态、是否愿意接受公猪爬跨等表现,判断母猪是否发情。也可以使用发情检测仪等设备辅助判断。

适时配种：一般在母猪发情后的12~24小时进行第一次配种，间隔8~12小时进行第二次配种，以提高受孕率。

3.仔猪护理

保暖：仔猪出生后，要立即用干净的毛巾擦干身上的黏液，放入保温箱中，保持箱内温度在30~32℃。

断脐、剪牙、断尾：在仔猪出生后，用消毒过的剪刀剪断脐带，并涂抹碘酒消毒；在仔猪出生后的1~3天内，剪去犬齿的尖锐部分，防止咬伤母猪乳头和仔猪之间相互咬伤；在仔猪出生后的3~5天，进行断尾，断尾长度为尾巴的1/3~1/2，并用碘酒消毒。

初乳摄入：仔猪出生后要尽快让其吃到初乳，初乳中富含免疫球蛋白和营养物质，有助于提高仔猪的免疫力和抵抗力。

操作建议

建立种猪档案，记录其繁殖性能和健康状况。配种时要注意公猪和母猪的体型匹配，避免造成损伤。仔猪护理过程中要动作轻柔，避免对仔猪造成应激。

六 日常管理

1.温度控制

仔猪：出生后的1~3天，保温箱内温度保持在30~32℃；3~7天，温度保持在28~30℃；7~14天，温度保持在25~28℃；14~21天，温度保持在22~25℃。

育肥猪：适宜温度为15~20℃，夏季要做好防暑降温工作，如安装水帘、风扇等；冬季要做好保温措施，如增加垫草、封闭门窗等。

2.通风换气

通风设备：安装合适的通风设备，如通风扇、通风窗等，保证猪舍内空气新鲜。

通风时间：根据天气和猪舍内的空气质量，合理调整通风时间。一般在气温较高的中午和下午，加大通风量；在气温较低的早晨和晚上，适当减少通风量。

3.定期驱虫

驱虫时间：仔猪在45~60日龄时进行第一次驱虫，以后每隔2~3个月驱虫一次；种猪每年驱虫2~3次。

驱虫药物：选择高效、低毒、广谱的驱虫药物，如伊维菌素、阿苯达唑等。

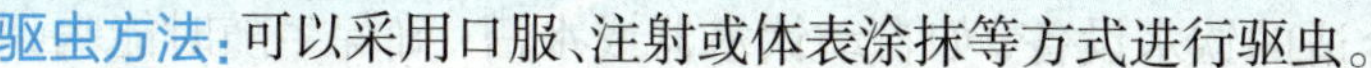

驱虫方法：可以采用口服、注射或体表涂抹等方式进行驱虫。

操作建议

在猪舍内安装温度计和湿度计，随时监测环境温度和湿度。通风时要注意避免贼风直接吹到猪只身上。驱虫后要及时清理粪便，防止寄生虫卵再次传播。

第三节 养牛实用技术

一 牛舍建设

1.选址

地势高燥：选择地势较高的位置，避免积水和潮湿，防止牛长期生活在潮湿环境中引发蹄病和其他疾病。可以观察周边地形，确保牛舍所在地在雨季不会成为积水区域。

排水良好：场地要有一定的坡度，便于雨水和污水自然排出。坡度不宜过大，以免造成牛在活动时站立不稳。

背风向阳：牛舍应建在背风处，减少冬季寒风的侵袭，同时保证充足的阳光照射，有利于牛舍保持温暖和干燥。可以通过观察周边建筑物和树木的分布来判断风向，确保牛舍处于有利位置。

水源充足：附近要有清洁、充足的水源，以满足牛的饮水和日常清洁用水需求。可以选择靠近河流、水井或有稳定供水系统的地方。

交通便利：便于饲料的运输和牛的销售，但也要注意与主要交通干道保持一定距离，以减少噪音和灰尘的影响。

2.布局

牛床：牛床是牛休息的地方，应根据牛的体型大小设计合适的尺寸，一般每头牛的牛床面积为 1.6~1.8m^2。牛床要有一定的坡度，便于尿液和污水排出。

采食区：设置足够的采食空间，保证每头牛都能自由采食。采食区应保持清洁，避免饲料污染。

饮水区：安装合适的饮水设备，如自动饮水器或水槽，确保牛随时能喝到清洁的水。

运动区：为牛提供一定的运动空间，有助于增强牛的体质和提高生产性能。运动区地面要平坦、坚实，防止牛受伤。

粪便处理区：位于牛舍下风处，便于粪便的收集和处理，减少异味和病菌传播。

3.建筑材料

墙壁和屋顶：选用保温隔热性能好的材料，如加厚的彩钢板、夹心保温板或砖墙等，以适应不同季节的气温变化。

地面：采用水泥地面或砖地面，并做防滑处理，如刻槽或铺设防滑垫。地面要有一定的坡度，一般为1%~3%，以便排水。

门窗：窗户要足够大，保证良好的采光和通风。门的尺寸要便于牛的进出和设备的搬运。

操作建议

在建设牛舍前，要做好详细的规划和设计，绘制平面图和剖面图。施工过程中，要严格按照设计要求进行，确保工程质量。牛舍建成后，要进行全面的清洁和消毒，然后再引入牛只。

二 品种选择

（一）根据用途

1.肉用牛

西门塔尔牛：具有生长速度快、产肉性能高、肉质好等优点，适应范围广。

夏洛莱牛：体型大，肌肉发达，生长速度快，瘦肉率高。

利木赞牛：产肉性能高，肉质细嫩，大理石纹明显。

2.乳用牛

荷斯坦牛：产奶量高，乳脂率和乳蛋白含量较高，是世界上最著名的乳用品种之一。

3.役用牛

本地黄牛：适应本地环境和劳动强度，耐力好，适合在山区或丘陵地区从事农业劳作。

(二) 根据适应能力

气候适应：如果所在地区夏季炎热潮湿，应选择耐热、耐湿的品种，如婆罗门牛；冬季寒冷，应选择耐寒性强的品种，如蒙古牛。

饲料适应：考虑当地的饲料资源，如青贮料丰富的地区，选择能较好利用青贮料的品种；粗饲料资源有限的地区，选择对精饲料利用率高的品种。

操作建议

在引进新品种前，要对其进行充分的了解和考察，可以到其他养殖场参观学习。引进时要选择正规的养殖场或繁育基地，确保牛的品质和健康状况。同时，要注意品种的选择要和当地的养殖条件相匹配。

三 饲料管理

1.粗饲料

青贮料：青贮玉米在玉米乳熟期至蜡熟期收割，切成小段，压实密封在青贮窖中进行发酵。青贮过程中要注意控制水分，一般在65%~70%为宜，水分过高易导致青贮料变质。青贮牧草如苜蓿、黑麦草等，在盛花期收割青贮，青贮方法与青贮玉米类似。

干草：苜蓿草营养丰富，蛋白质含量高，是优质的干草来源。在开花期收割，晾晒至水分含量为15%~18%时进行储存。羊草耐干旱、耐践踏，是北方地区常见的干草。收割后要充分晾晒，防止发霉。

2.精饲料

玉米：是主要的能量饲料，占精饲料的50%~60%。选择颗粒饱满、无霉变的玉米。

豆粕：优质的蛋白质饲料，富含必需氨基酸。要注意豆粕的质量，避免使用变质的豆粕。

麸皮：含有丰富的膳食纤维和维生素，可调节饲料的营养平衡。

3.饮水

水质要求：提供清洁、无污染且符合国家饮用水标准的饮水。可以定期对水质进行检测。

水温控制：冬季水温过低会影响牛的饮水量和消化功能，可通过加热装置将水温保持在 10~15℃。

操作建议

青贮料的制作要严格按照操作规程进行，保证青贮质量。精饲料的配制要使用准确的计量工具，确保配方比例准确。定期清洗饮水设备，防止细菌滋生。

四 饲养管理

1.犊牛饲养

初乳喂养：犊牛出生后 1 小时内要尽快让其吃上初乳，初乳中含有丰富的免疫球蛋白和营养物质，能增强犊牛的免疫力。初乳的喂量一般为体重的 10%~12%。

开食料：在犊牛 1~2 周龄时，开始训练其采食干草和精料。可以将开食料放在浅盘中，让犊牛自由采食。

断奶：犊牛一般在 2~3 月龄时断奶，断奶要逐渐进行，减少应激。

2.育成牛饲养

营养需求：根据育成牛的生长速度和体重，调整饲料的营养水平。在生长高峰期，要增加蛋白质和矿物质的供应。

分群管理：按照年龄、体重和性别将育成牛分群饲养，便于管理和投喂。

运动锻炼：提供足够的运动空间，促进骨骼和肌肉的发育。

3.成年牛饲养

干奶期：母牛在产犊前的一段时间进入干奶期，要控制饲料的营养水平，防止乳房炎的发生。

泌乳期：根据泌乳阶段调整饲料配方，提高能量和蛋白质的摄入，以满足产奶的需要。

育肥期：肉用牛在育肥期要增加精饲料的比例，限制运动，提高日增重。

4.日常观察

精神状态：观察牛是否活泼、警觉，有无精神沉郁、呆滞等现象。

采食情况：记录牛的采食量，观察是否有食欲不振、挑食等情况。

粪便：检查粪便的形状、颜色和气味，正常的粪便应成形、褐色、无恶臭。

操作建议

为犊牛提供温暖、舒适的环境。育成牛和成年牛的分群要定期调整，根据生长情况重新组合。每天定时观察牛的各种情况，发现异常及时采取措施。

五 繁殖管理

1.母牛发情鉴定

外部观察：发情母牛表现兴奋不安，哞叫，食欲减退，外阴红肿，有黏液流出。

直肠检查：通过直肠触摸卵巢上卵泡，从其发育情况，判断发情程度和排卵时间。

激素检测：利用发情相关的激素检测试剂盒，测定血液或尿液中的激素水平，辅助判断发情。

2.配种

自然交配：选择健康、无遗传疾病的公牛进行自然交配。要注意控制交配次数，避免过度交配。

人工授精：由专业人员采集公牛的精液，经过处理后，通过输精器械将精液输入母牛的生殖道内。人工授精可以提高优良种公牛的利用率，减少疾病传播。

3.孕期管理

营养供应：随着孕期的进展，逐渐增加母牛的饲料营养水平，特别是蛋白质、矿物质和维生素的供应。

保胎措施：避免母牛受到惊吓、剧烈运动和滑倒，防止流产。

预产期推算：根据配种日期，推算预产期，一般母牛的妊娠期为280天左右。

操作建议

做好发情鉴定记录，准确掌握母牛的发情规律。人工授精时要严格遵守操作规程，保证授精的质量和安全。在孕期，要为母牛提供安静、舒适的环境。

六 疾病防控

1.免疫接种

口蹄疫疫苗：每年春秋两季各接种一次，根据当地疫情情况，必要时增加接种次数。

牛瘟疫苗：已在我国消灭，但在部分地区仍需注意防范。

布鲁氏菌病疫苗：根据当地疫情和养殖情况进行接种。

2.卫生消毒

牛舍消毒：每周至少进行一次全面消毒，使用有效的消毒剂，如过氧乙酸、氢氧化钠等，按照说明书的浓度稀释后进行喷雾消毒。

用具消毒：对饲料槽、饮水器、挤奶设备等定期进行消毒，可以采用高温蒸煮、浸泡或紫外线照射等方式。

人员消毒：进入牛舍的人员要更换工作服和鞋，并经过消毒池消毒。

3.寄生虫防治

体内寄生虫：定期使用驱虫药，如阿苯达唑、伊维菌素等，驱除蛔虫、绦虫等。

体外寄生虫：使用外用药物，如敌百虫溶液、双甲脒等，防治疥螨、虱子等。

操作建议

> 建立免疫接种档案，记录接种时间、疫苗种类、剂量和接种人员等信息。消毒时要确保消毒彻底，不留死角。驱虫要在兽医的指导下进行，根据牛的体重和年龄确定用药剂量。

七 粪便处理

1.及时清理

每天至少清理一次牛舍内的粪便，保持牛舍的清洁卫生。可以使用机械清粪设备或人工清粪。

2.合理利用

沼气池发酵：将粪便投入沼气池进行发酵，产生的沼气可用于照明、取暖等，沼渣和沼液可作为有机肥料。

堆肥处理：将粪便堆积起来，加入适量的微生物菌剂，进行有氧发酵，制成有机肥料。

操作建议

> 选择合适的粪便清理工具和设备，提高清理效率。在进行粪便利用时，要按照相关的技术规范进行操作，确保安全和环保。

第四节　养羊实用技术

一　羊舍建设

1.选址

地势高燥：选择地势较高的地方，避免低洼潮湿的地段，防止积水导致羊舍潮湿，引发羊只疾病。可以观察周边地形，选择相对较高且排水顺畅的位置。

排水良好：水源要稳定可靠，能够满足羊只的饮水和清洁卫生需求。场地要有自然的坡度，一般以 3%~5% 为宜，便于雨水和污水迅速排出。在选址时，要留意场地的排水情况，避开积水区域。

通风透气：确保场地周围没有高大的建筑物或障碍物阻挡空气流通，保证羊舍内有新鲜的空气。可以根据当地的主导风向，合理布局羊舍的朝向和通风口。

远离居民区和污染源：距离居民区应在 500m 以上，远离化工厂、垃圾处理场等污染源，以减少疾病传播和异味对居民生活的影响。

2.布局

羊床：羊床应高出地面 50~80cm，采用漏缝地板，缝隙宽度 1.5~2cm，便于羊粪尿的掉落和清理。羊床面积根据羊只数量和大小确定，一般每只羊 1~2m^2。

食槽：设置在羊床的一侧，可用木板、钢管或水泥制成。食槽的高度和宽度要适合羊只采食，避免饲料浪费。

水槽：安装在食槽附近，保证羊只随时能够饮用到清洁的水。可以使用自动饮水器或水槽，定期清洗和更换水源。

运动场：面积为羊舍面积的 2~3 倍，地面要平坦、坚实，有一定的坡度便于排水。运动场内可以设置遮阳棚和饮水设施。

3.建筑材料

墙体和屋顶：墙体可采用砖石结构或彩钢板，具有良好的保温隔热性能。屋顶可以选择彩钢瓦、石棉瓦或茅草等，要能承受风雨和雪的压力。

地面：采用水泥地面，并做防滑处理，如铺设防滑地砖或刻槽。地面要有一定的坡度，通向排水口。

操作建议

在建设羊舍前，要做好规划和设计，绘制详细的图纸。施工过程中，要注意墙体的垂直度和稳定性，屋顶的密封性和防水性。羊舍建成后，要进行全面的清洁和消毒，然后再引入羊只。

二 品种选择

1.根据当地的气候

寒冷地区选择耐寒性强、毛长而密的品种，如蒙古羊、哈萨克羊等。炎热地区选择耐热性好、毛短而稀的品种，如湖羊、努比亚山羊等。

2.根据饲料资源

草原地区：适合养殖以放牧为主的品种，如草原型美利奴羊、乌珠穆沁羊等。

农区：可以选择适合舍饲和半舍饲的品种，如小尾寒羊、波尔山羊等。

3.根据养殖目的

肉用：重点选择生长速度快、产肉性能高的品种，如杜泊羊、夏洛莱羊等。

毛用：选择产毛量高、毛质优良的品种，如新疆细毛羊、美利奴羊等。

奶用：可考虑引进奶山羊品种，如关中奶山羊、萨能奶山羊等。

操作建议

在引进种羊时，要选择正规的养殖场或种羊场，确保种羊的品质和健康状况。观察种羊的外貌特征，如体型、毛色、头型、角型等，选择符合品种标准的个体。同时，要求养殖场提供种羊的系谱、防疫记录和检疫证明等相关文件。

三 饲料与营养

1.粗饲料

青贮料：青贮玉米，在玉米乳熟末期至蜡熟初期收割，此时玉米的营养价值最高。将玉米切成2~3cm的小段，装填到青贮窖中，压实密封，发酵30~45天即可使用。青贮过程中，要注意控制青贮料的水分，一般为65%~70%。青贮牧草，如苜蓿、黑麦草等，在开花期收割青贮。青贮时要逐层装填、压实，排出空气，创造厌氧环境。

干草：苜蓿干草，在苜蓿初花期收割，晾晒至水分含量为 15%~18% 时打捆储存。干草要存放在干燥、通风的地方，防止发霉变质。羊草，在抽穗期收割，晾晒后储存。羊草质地柔软，是羊的优质粗饲料。

2.精饲料

玉米：是主要的能量饲料，富含碳水化合物。选择色泽鲜艳、颗粒饱满、无霉变的玉米。

豆粕：优质的蛋白质饲料，富含氨基酸。要注意豆粕的质量，避免购买掺杂杂质或变质的产品。

麦麸：含有丰富的膳食纤维和维生素，可调节肠道功能。

3.矿物质和维生素

矿物质：定期在饲料中添加盐、钙、磷、铁、锌等矿物质。可以使用舔砖，让羊自由舔食。

维生素：在冬季和枯草期，要给羊补充维生素 A、维生素 D、维生素 E 等。可以通过添加多维预混料或投喂青绿饲料来补充。

操作建议

青贮料制作时，要确保青贮窖的密封性，防止空气进入导致青贮失败。干草储存时，要注意防潮防虫。精饲料的储存要避免潮湿和高温，防止变质。在使用舔砖时，要将其固定在羊舍内合适的位置，保证每只羊都能舔到。

四 饲养管理

1.羔羊饲养

初乳喂养：羔羊出生后 1 小时内要吃到初乳，初乳富含免疫球蛋白和营养物质，有助于增强羔羊的免疫力。初乳的喂量要根据羔羊的体重和体质来确定，一般为体重的 1/5~1/4。

早期补料：7~10 天开始训练羔羊采食开食料，可以将开食料放在浅盘中，让羔羊自由采食。开食料要选择营养丰富、易消化的饲料，如羔羊专用颗粒料。

断奶过渡：羔羊一般在 2~3 月龄断奶，断奶要逐渐进行，减少应激。可以先减少母羊与羔羊的接触时间，然后逐渐减少哺乳次数，直至完全断奶。

2.育成羊饲养

营养需求: 根据育成羊的生长速度和体重，调整饲料的营养水平。在育成前期，蛋白质和矿物质的需求较高；育成后期，能量的需求逐渐增加。

分群管理: 按照性别、体重和体质将育成羊分群饲养，便于管理和投喂。每群的规模不宜过大，一般为 20~50 只。

运动锻炼: 提供足够的运动空间，让育成羊自由活动，促进骨骼和肌肉的发育。

3.成年羊饲养

空怀期: 母羊在空怀期要保持中等膘情，饲料以粗饲料为主，适当搭配精饲料。

怀孕前期: 怀孕前 3 个月，胎儿生长缓慢，母羊的营养需求与空怀期相似，但要注意饲料的质量和安全，避免食用霉变饲料。

怀孕后期: 怀孕后 2 个月，胎儿生长迅速，要增加精饲料的比例，提供充足的蛋白质、矿物质和维生素。

哺乳期: 母羊在哺乳期的营养需求很高，要增加饲料的投喂量，尤其是蛋白质和能量的供应。可以适当增加饲喂次数，保证母羊有充足的乳汁。

4.日常管理

定时定量饲喂: 每天固定时间饲喂，一般为 2~3 次。根据羊的体重和生长阶段，确定每次的饲喂量，避免过度饲喂或饲喂不足。

保证饮水清洁: 每天更换饮水，冬季提供温水，防止羊只饮用冰水导致消化不良。

定期清理羊舍: 每天清扫羊舍内的粪便和杂物，定期消毒，保持羊舍的清洁卫生。可以使用生石灰、火碱等消毒剂进行消毒。

观察羊只健康: 每天观察羊只的精神状态、采食情况、粪便性状等，发现异常及时诊断和治疗。

操作建议

羔羊出生后，要及时清除口鼻中的黏液，确保呼吸通畅。育成羊分群时，要对羊只进行称重和体尺测量，合理分组。在怀孕后期和哺乳期，要注意观察母羊的乳房健康，防止乳房炎的发生。每天定时巡视羊舍，及时发现羊只的异常情况，如精神沉郁、食欲不振、腹泻等，并采取相应的措施。

五 繁殖技术

1.发情鉴定

外部观察：母羊发情时，表现为兴奋不安，食欲减退，外阴红肿，有黏液流出，主动接近公羊。

试情法：用结扎输精管的公羊试情，当母羊接受公羊爬跨时，表明其处于发情期。

阴道检查：用阴道开张器打开母羊阴道，观察阴道黏膜的颜色、肿胀程度和黏液的性状，判断发情情况。

2.配种

自然交配：将发情母羊与健康的公羊放在一起，让其自然交配。公羊与母羊的比例一般为1:(20~30)。

人工授精：采集公羊的精液，经过处理和稀释后，用输精器将精液输入发情母羊的子宫内。人工授精可以提高优良种公羊的利用率，减少疾病传播。

3.妊娠与分娩

妊娠诊断：配种后18~20天，可以通过观察母羊是否返情、B超检查等方法进行妊娠诊断。

孕期管理：母羊妊娠期约为150天，前期要保持适当的运动，后期要减少运动，避免拥挤和惊吓。加强营养，保证胎儿的正常发育。

分娩：分娩前要准备好接产用具，如剪刀、碘酒、毛巾等。母羊分娩时，要保持环境安静，帮助母羊产出羔羊，及时清除羔羊口鼻中的黏液，剪断脐带并消毒。

操作建议

发情鉴定时，要每天观察母羊的行为和外阴变化，做好记录。人工授精需要专业的技术和设备，操作人员要经过培训。妊娠诊断要准确及时，以便做好孕期管理。分娩时，要注意观察母羊的产程，如有难产迹象，要及时助产。

六 疾病防控

1.免疫接种

口蹄疫疫苗：每年春秋两季各接种一次，成年羊每只1mL，羔羊每只0.5mL。

羊痘疫苗：每年春季接种一次，不论大小，每只羊尾根内侧皮内注射0.5mL。

三联四防疫苗：每年春秋两季各接种一次，成年羊每只 5mL，羔羊每只 3mL。

2.驱虫

体内驱虫：每年春秋两季各进行一次，可选用阿苯达唑、伊维菌素等药物。阿苯达唑每千克体重用 15~20mg，伊维菌素每千克体重用 0.2mg。

体外驱虫：夏季每月进行一次，可选用敌百虫溶液、双甲脒等药物。敌百虫溶液浓度为 1%~3%，双甲脒溶液浓度为 0.05%。

3.疾病监测

定期对羊群进行健康检查，包括体温、呼吸、脉搏等生理指标的测量。发现疑似病例，要及时隔离诊断，对病死羊要进行无害化处理，防止疫情扩散。

操作建议

免疫接种时，要严格按照疫苗的说明书进行操作，确保疫苗的质量和接种剂量准确。驱虫药要根据羊的体重计算准确的剂量，避免中毒。疾病监测要建立档案，记录羊群的健康状况和疾病发生情况。

七 羊群管理

1.分群管理

将羔羊、育成羊和成年羊分别饲养，便于制定不同的饲养管理方案。公羊和母羊要分开饲养，避免滥交乱配。将产奶羊、怀孕羊、育肥羊等分别管理，提高养殖效益。

2.编号与记录

采用耳标、耳缺、刺字等方法对羊只进行编号，便于识别和管理。建立羊群档案，记录羊只的出生日期、品种、来源、免疫接种、驱虫、繁殖、生产性能等信息，为养殖管理提供参考。

操作建议

分群时要根据羊只的实际情况进行合理调整，避免频繁混群造成应激。编号要清晰、牢固，记录要详细、准确，及时更新。

第六章

农业机械化

超级新农人
案例精选库
热点广播台
口袋电子书

第一节　农业机械类型与构造

一　农业机械的类型和用途

1.拖拉机

拖拉机不仅是农田作业中的主要动力源，还能通过挂载不同的农具实现耕地、耙地、运输等多种功能。比如小型手扶拖拉机适用于小块农田和果园的作业，大型轮式拖拉机则适合大规模农田的深耕和重负荷运输。

2.收割机

收割机分为谷物收割机、玉米收割机、油菜收割机等，根据农作物的特点和种植模式进行选择。例如，全喂入式谷物收割机适合大面积、成熟度一致的麦田；半喂入式则在保持稻谷品质方面有优势，常用于优质稻的收割。

3.播种机

播种机有撒播机、条播机、穴播机等，可根据作物种类、种植密度和土壤条件选用。比如，玉米通常采用穴播机，能精确控制播种间距和深度；而小麦多使用条播机，保证播种均匀。

4.插秧机

插秧机分为步行式和乘坐式，适用于水稻种植。在实际操作中，要根据田块大小和地形选择合适的机型，调整好插秧深度和株距。

5.喷雾机

喷雾机包括手动喷雾器、背负式喷雾机、自走式喷雾机和无人机喷雾等。针对不同的农作物病虫害防治需求和作业面积，选择高效、精准的喷雾设备。如大面积农田的病虫害防治适合使用自走式喷雾机或无人机喷雾，小面积菜园则可选用手动或背负式喷雾器。

6.灌溉设备

灌溉设备有滴灌系统、喷灌设备、微灌装置等。滴灌适用于干旱地区的节水灌溉，能精准将水输送到作物根部；喷灌则适用于大面积、地形较为平坦的农田，可均匀喷洒水分。

二 需要了解的机械原理

1.拖拉机

了解其发动机的工作原理，包括燃油喷射、气缸工作循环、冷却系统和润滑系统等。了解传动系统中的离合器、变速箱、传动轴和差速器的作用和构造，以及如何通过它们实现不同速度和扭矩的输出。

2.收割机

掌握切割装置的工作原理，如往复式切割器和圆盘式切割器的特点和适用作物；脱粒装置的结构和工作方式，如滚筒式脱粒和梳刷式脱粒的区别。了解输送和清选系统如何将谷物分离、筛选和输送。

3.播种机

明白排种器的工作原理，如窝眼式、勺轮式和气吸式排种器的性能和适用种子类型；开沟器的构造和作用，以及如何保证播种深度的一致性。

4.插秧机

了解取秧机构如何准确抓取秧苗，插秧机构如何将秧苗插入泥土，以及如何通过调整机构实现插秧深度和株距的控制。

5.喷雾机

清楚压力泵的工作原理，知道如何产生足够的压力将药液雾化。掌握喷头的类型和特点，如扇形喷头、锥形喷头的喷雾效果和适用场景。

6.灌溉设备

掌握滴灌系统中滴头的流量控制原理，过滤器的作用和维护方法；喷灌设备中喷头的旋转机制和射程调节方式。

第二节　操作与维护

一　操作与驾驶

1.拖拉机

启动前的检查,包括燃油、机油、水的液位,轮胎气压,刹车系统等。熟悉离合器、挡位的操作,掌握转向和油门的控制技巧,在不同路况下的行驶和安全注意事项。

2.收割机

作业前的调试包括切割高度、脱粒滚筒转速、清选风量的调整。在田间作业时,要保持直线行驶,根据作物密度和倒伏情况调整作业速度,避免堵塞和损失。

3.播种机

作业前准备包括播种前的种子处理和装种,调整播种量和行距。作业过程中要注意观察播种效果,及时调整排种器和开沟器。

4.插秧机

做好插秧前的秧苗准备和机器调整,如秧爪与秧盘的间隙、插秧深度的设定。在水田中操作时,要保持平稳行驶,避免秧苗倒伏和漏插。

5.喷雾机

正确稀释和添加药液,调整喷雾压力和喷雾量。操作时要注意风向,避免药液飘移,保护自身安全和环境。

6.灌溉设备

掌握滴灌系统的开启和关闭顺序,检查滴头是否堵塞。调整好喷灌设备的喷头旋转角度和覆盖范围,确保灌溉均匀。

二　维护与保养

1.日常保养

每次作业后,及时清理农业机械上的泥土、杂草和残留的农作物。检查机油、冷却液、燃油的液位，补充或更换不足的液体。对易磨损的部件，如链条、皮带、刀片等进行润滑和紧固。

2.定期保养

按照使用说明书的要求，定期更换机油、滤清器、空气滤清器等。检查轮胎的磨损情况，调整轮胎气压。对机械的关键部位，如发动机、变速箱、后桥等进行检查和维护。

3.季后保养

在农闲季节，对农业机械进行全面的保养和存放。将机械清洗干净，涂抹防锈油，存放在干燥、通风的库房内。拆下蓄电池并定期充电，防止电池老化。

4.保养工具和材料

农业科技员应熟悉常用的保养工具，如扳手、螺丝刀、钳子、千斤顶等，并准备好所需的保养材料，如机油、黄油、滤清器、防锈油等。

三 调试与校准

1.拖拉机

调整离合器的自由行程和踏板高度，保证离合器的分离和结合平稳。校准仪表盘的指示，确保速度、转速等参数的准确显示。

2.收割机

根据作物的品种和生长情况，调整切割器的高度和角度，保证切割整齐。校准脱粒滚筒的转速和间隙，提高脱粒效率和质量。

3.播种机

根据种子的大小和种植要求，调整排种器的排种量和行距。校准开沟器的深度，确保播种深度一致。

4.插秧机

调整取秧量和插秧深度，使其符合当地的农艺要求。校准插秧机构的动作，保证秧苗插入泥土的垂直度和稳定性。

5.喷雾机

校准喷头的喷雾压力和喷雾量，保证药液均匀喷洒。调整喷雾角度和射程，覆盖整个作业区域。

6.灌溉设备

校准滴灌系统中滴头的流量，确保每个滴头的出水量一致。调整喷灌设备的喷头角度和旋转速度，实现均匀灌溉。

四 故障诊断与排除

1.发动机故障

如启动困难、动力不足、冒黑烟等。可能的原因包括燃油系统故障、进气系统堵塞、火花塞问题等。通过检查燃油滤清器、空气滤清器、火花塞的工作状态，以及测量气缸压力等手段进行诊断和排除。

2.传动系统故障

如离合器打滑、变速箱异响、传动轴抖动等。可能是离合器片磨损、变速箱齿轮损坏、传动轴不平衡等原因。通过检查离合器踏板行程、变速箱油液位和质量、传动轴的连接和平衡情况来诊断和解决。

3.作业部件故障

如收割机的切割器堵塞、脱粒不干净，播种机的漏播、重播，喷雾机的喷头堵塞等。需要清理堵塞物、调整部件的工作参数或更换损坏的零件。

4.电气系统故障

如灯光不亮、仪表指示异常、启动电机故障等。检查灯泡、保险丝、线路连接、传感器和控制器的工作情况，修复或更换损坏的部件。

5.液压系统故障

如液压升降装置失效、转向沉重等。可能是液压油不足、油泵故障、阀件堵塞等原因。检查液压油液位、油泵的工作压力、阀件的动作情况，进行诊断和维修。

五 能源利用与环保

1.能源选择

了解不同类型农业机械所适用的能源，如柴油、汽油、电力等，并根据作业需求和成本效益选择合适的能源。例如，大型拖拉机通常使用柴油，而小型电动农具则更适合在温室和果园等环境中使用。

2.节能操作

教导农民如何通过合理的操作方式降低能源消耗，如避免急加速、急刹车，保持匀速作业，选择合适的挡位和作业速度等。

3.尾气排放控制

熟悉农业机械尾气排放标准，指导农民对发动机进行定期维护和调试，以减少尾气中的有害物质排放。同时，推广使用尾气净化装置。

4.噪声控制

了解农业机械噪声产生的原因和控制方法，如选用低噪声的发动机、优化机械结构、安装隔音装置等，减少作业过程中的噪声污染。

5.废旧机油和零部件处理

正确处理农业机械使用过程中产生的废旧机油和报废零部件，避免对土壤和水源造成污染。可以建立回收机制，将废旧机油交给专业的回收单位，对可再利用的零部件进行修复和再利用。

六 配套农具的选择与使用

1.根据机械类型选择

不同的农业机械需要搭配相应的农具才能发挥最佳效果。例如，拖拉机可以挂载犁、耙、播种机、收割机等多种农具，而插秧机则需要专门的插秧部件。

2.根据作业需求选择

考虑农作物的种类、种植方式、土壤条件等因素选择合适的农具。如在黏性土壤中，选择犁体曲面较平缓的犁具；种植玉米时，选择适合玉米播种和施肥的一体化农具。

3.农具的安装与调试

农业科技员要熟悉各种农具的安装方法和调试要点，确保农具与主机连接牢固、工作参数准确。例如，安装犁具时要调整犁的入土角度和深度，安装播种机时要校准播种量和行距。

4.农具的使用技巧

向农民传授农具的正确使用方法和注意事项，如操作顺序、作业速度、安全防护等。比如，使用收割机时要注意避开障碍物，使用喷雾机时要做好个人防护。

5.农具的维护与保养

指导农民对配套农具进行定期的维护和保养，延长其使用寿命。包括清理、润滑、紧固、检查磨损部件等。

七 智能化与自动化技术

1.自动驾驶系统

了解自动驾驶技术在农业机械中的应用，如拖拉机、收割机的自动驾驶功能。能够指导农民进行系统的设置和校准，利用卫星定位和传感器实现精准的直线行驶和地头转弯。

2.精准作业系统

掌握基于地理信息系统（GIS）和全球定位系统（GPS）的精准播种、施肥、喷药技术。通过收集农田的土壤肥力、作物长势等数据，实现变量作业，提高资源利用效率和作业质量。

3.远程监控与诊断

熟悉农业机械远程监控系统的原理和应用，能够通过互联网实时监测机械的运行状态、作业参数和故障信息。在机械出现故障时，能够进行远程诊断和提供初步的解决方案。

4.智能控制系统

例如，灌溉系统的智能控制，根据土壤湿度和气象数据自动调节灌溉时间和水量；温室环境的智能调控，实现温度、湿度、光照等参数的自动控制。

5.无人机技术

了解无人机在农业中的应用，如植保无人机的作业特点和优势。能够指导农民进行无人机的飞行规划、药液配置和操作安全注意事项。

第七章

农产品贮藏与加工

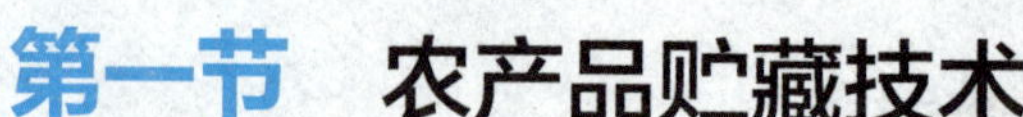

第一节 农产品贮藏技术

通过合理的贮藏技术,可以保持农产品的品质,延长其保存期限,减少损耗,提高经济效益。

一 温度控制技术

1.温度选择

不同农产品对温度的要求各不相同。一般而言,冷藏温度不应低于0℃,冷冻温度不应高于-18℃。特殊农产品,如肉类和奶制品等可能需要更低的冷冻温度。

2.温度监控

贮藏环境中应配备温度监控设施,及时发现温度异常。温度数据的记录和报警功能能够帮助及时采取应对措施,保障农产品的贮藏质量。

二 湿度控制技术

1.相对湿度要求

湿度对农产品的质量和储藏寿命有着重要影响。一般而言,湿度控制在60%~80%,但对于特殊农产品如种子、坚果等,湿度的控制要求会有所不同。

2.湿度监控

在贮藏场所内安装湿度监测设备,及时了解湿度情况,并根据情况调整湿度。监测设备应具备记录和报警的功能,确保及时发现湿度异常并采取措施。

三 通风控制技术

1.通风设备

为了保持贮藏环境内氧气和二氧化碳含量的平衡,通风设备应安装在贮藏场所内。通风设备应能够确保空气循环,保持贮藏环境的新鲜度。

2.通风管理

通风设备应定期进行检查和维护，以确保其正常运行和有效通风。通过通风设备的合理利用，可以控制贮藏场所的温度、湿度和气体成分，提高农产品的贮藏质量。

四 其他贮藏技术

1.冷藏技术

通过有效降低农产品的温度，控制微生物和酶的活性，减缓农产品的新陈代谢进程，延长其保鲜期。使用时需选择合适的冷库类型，控制温度和湿度，并进行预处理和包装。

2.冷冻技术

将农产品温度降到冰冻状态进行贮藏，可以有效延长农产品的保鲜期。使用时需选择合适的冷冻设备，控制冷冻速率，并进行包装和密封。

3.消毒措施

在贮藏过程中，要加强对贮藏设施的清洁和消毒，避免病原菌和害虫感染，保持贮藏环境的洁净和卫生。

五 分类储存与定期检查

1.分类储存

不同的农产品有不同的储存要求，因此在储存过程中要进行分类。可以根据农产品的特性、成熟度等因素进行分类，避免不同农产品之间相互影响，延长储存期限。

2.定期检查

储存农产品过程中，要定期对农产品进行检查，及时发现问题并采取相应的措施。可以检查农产品的外观、气味、温度等指标，发现异常情况及时处理，避免腐烂和变质。

六 合理包装

选择合适的包装材料对农产品进行包装，可以减少水分蒸发和氧气进入，延长农产品的保鲜期。同时，合理的包装还能防止农产品在储存过程中受到挤压和碰撞，保持其完整性和质量。

第二节　农产品加工技术

一　农产品加工概念

1.农产品加工

农产品加工是一种通过物理、化学和生物学方法，将农业的主、副产品转化为各种食品或其他用品的生产活动。这是农产品由生产领域进入消费领域的重要环节。

2.农产品加工的重要性

增加农产品附加值：通过加工，可以将初级农产品转化为具有更高价值的产品，提高农产品的经济效益，增加农民收入。

减少浪费和损失：农产品在收获后如果不及时处理和加工，容易腐烂变质。加工能够延长农产品的保存期限，减少因季节、运输等因素造成的损失。

提高农产品质量和安全性：加工过程中的筛选、清洗、消毒等环节有助于去除杂质和有害微生物，提高农产品的质量和安全性，保障消费者的健康。

增强市场竞争力：加工后的农产品具有更稳定的品质和更好的包装，有助于提升农产品在国内外市场的竞争力，拓展销售渠道。

二　农产品加工

1.果蔬加工

清洗和去皮：通过清洗去除水果或蔬菜表面的污垢和细菌，通过去皮提高产品的卫生安全和口感。

去核和切片：对于部分水果，如樱桃、杏子等，需要进行去核处理；而像苹果、香蕉等水果，则需要切片以增加口感和可食用性。

烘干和热处理：烘干可以减少产品的水分含量，延长保质期；热处理则是通过高温处理杀死微生物，提高产品的卫生安全。

浸泡和腌制：对于部分含有苦味物质或有杀菌作用的水果，需要进行浸泡和腌制处理，以提升口感或增加风味。

果汁和干果制作：果汁通过榨汁机将水果压榨出汁液，干果则是通过除水处理降低水分含量制成。

糖浆和果酱制作：通过添加糖和其他调味料煮制水果，可制成各种口味的糖浆和果酱。

2.肉类加工

初步加工：包括宰杀、烫水、褪毛、刮鳞、开肚和取内脏等环节，确保食材的初步处理得当。

腌制和熏制：通过腌制和熏制工艺，改进肉类的口感，延长产品的保质期。

香肠制作：将肉类加工成香肠产品，如腊肉、火腿等。

3.食用油加工

提取和精炼：通过磨碎、蒸煮、压榨等工艺，从植物中提取油脂；进一步通过精炼工艺提升油脂的品质。

4.核果类加工

除核和烘干：将核果类水果进行除核处理，通过烘干等工艺制成干果产品，如葡萄干、橘子干等。

5.谷物加工

去皮和研磨：通过去皮、研磨等工艺，将谷物制成面粉、麦片等产品。

烘干和筛分：在加工过程中，还会进行烘干和筛分等处理，以提高产品的食用价值和储存稳定性。

6.乳制品加工

牛奶初加工：包括去除杂质、均质、杀菌等环节，为后续乳制品制作提供基础。

凝固乳制作：如豆腐、布丁等，通过添加不同的凝固剂或发酵剂制成。

发酵乳制作：以牛奶为原料，通过发酵制成酸牛奶、酸奶酪等产品。

奶油制作：通过分离或搅打方法，将牛奶中的脂肪制成奶油。

7.茶叶加工

包括杀青、揉捻、发酵、干燥等工艺，制成绿茶、红茶、乌龙茶等产品。

参考文献

[1]王迪轩.现代蔬菜栽培技术手册[M].北京:化学工业出版社,2019.

[2]钟显胜,唐兵才,罗鸣.畜禽养殖员实用技术[M].北京:中国科学技术出版社,2014.

[3]李倩,滕葳,柳琪,等.现代种植业标准化技术[M].北京:化学工业出版社,2019.

[4]张军,李晶,蒋勇军.畜禽养殖与疫病防控[M].北京:中国农业大学出版社,2019.